HARLEY PASSION

HEEL Verlag GmbH
Gut Pottscheidt
53639 Königswinter
Telefon 0 22 23 / 92 30-0
Telefax 0 22 23 / 92 30 13
Mail: info@heel-verlag.de
Internet: www.heel-verlag.de

Deutsche Übersetzung: Wolfhard Töns

Lektorat: Jost Neßhöver

Satz und Gestaltung: Huwer-Design, Hürth

Printed in Slovakia

ISBN 978-3-95843-163-8

HARLEY PASSION

Die kultigsten Custombikes von Old School bis Hightech

Claude de La Chapelle

HEEL

INHALT

DIE STORY EINES STILS

DER OLD SCHOOL SPIRIT

DER HIGHTECH-TOUCH

WENN TRÄUME
GESTALT ANNEHMEN

DIE STORY
EINES STILS

DIE STORY EINES STILS
Die Legende aus Milwaukee

▲ *Zwischen 1972 und 2008 sollte die Harley-Davidson XR 750 27 der insgesamt 39 vergebenen AMA Grand National Meistertitel holen. In den Dirt-Track-Rennen machten das geringe Gewicht, das fette Drehmoment und ihre Handlichkeit die XR zum Motorrad, das es zu schlagen galt … und zum Stolz der ganzen USA!*

◄ *1989 zeigte Willie G. Davidson, seines Zeichens unumstrittener Designchef der Marke, bei der Daytona Bike Week die Fat Boy. Sie wurde ein Riesenerfolg, umso mehr, seit Arnold Schwarzenegger sie 1991 in „Terminator 2" zu seinem Streitross für die Leinwand wählte.*

Die Geschichte von Harley Davidson ist beinahe so alt wie die Geschichte des Motorrades selbst. Da geht es um mehr als ein Jahrhundert, und auf ein Jahr mehr oder weniger kommt es da gar nicht mehr an. Es würde auch nichts ändern an dieser einzigartigen Erfolgsgeschichte, die 1903 ihren Lauf nahm und 1907 mit der Firmengründung der Harley Davidson Motor Company so richtig den unglaublichen industriellen und wirtschaftlichen Schwung aufnahm, der heute untrennbar mit der Marke und ihrem Image verbunden ist.

■ DER ÜBERLEBENSINSTINKT

Einer solchen Marke konnte auch die Große Depression der Dreißiger nichts anhaben, die zahlreiche Motorrad-hersteller hinwegfegte. Sie überlebte auch zwei Weltkriege und den erbittert geführten Markenkampf mit Indian, der zweiten großen US-Marke. Auch die starke Konkurrenz der schnelleren, leichteren und handlicheren Motorräder aus England konnte ihr nichts anhaben, und selbst als die Japaner mit moderner Technik, großer Zuverlässigkeit und überlegenen Fahrleistungen immer stärker wurden, tat dies dem Mythos keinen Abbruch.

■ HARLEY UNTER DER HAUT …

1965 war das Jahr, in dem nicht nur Harley Davidson an die Börse ging, sondern auch McDonald's. Aber schon 1969 musste die Firma unter den industriellen Schutzschirm von AMF flüchten, was dann in einem solchen Chaos endete,

▲ 1903, die ersten Lebenszeichen … Der Zweizylinder steht noch nicht auf der Tagesordnung, doch die Geschichte nimmt bereits ihren Gang.

▲ Auch die Stars kommen nicht an der Harley-Legende vorbei. Richard Petty, der Mann mit zweihundert Siegen und sieben Meisterschaften in der NASCAR, ist einer der Jünger.

◄ Mehr als jedes andere Harley-Modell ist die CVO Limited eine Einladung zum Kilometerfressen ohne Grenzen. Born to ride …

dass 1981 dreizehn hochrangige Harley-Mitarbeiter, darunter Willie G. Davidson, Enkel eines der Firmengründer, ins Risiko gingen und den Geist der Marke mit der industriellen Seite unter einen Hut brachten.

80 Millionen Dollar legten sie dafür auf den Tisch, und damit hatten sie Zugriff auf einfach alles, bis hinunter zu dem alten Bar & Shield-Logo aus dem Jahr 1910. Unter den neuen Besitzern und unter dem Schutz von Ronald Reagan, der Importmotorräder mit mehr als 700 cm³ mit einem Zoll belegte, um Harley etwas mehr Luft zum Atmen zu verschaffen, florierte die Firma schon bald wieder. Willie G. und seine Männer hatten aber auch ihre Hausaufgaben gemacht. Sie modernisierten die Fertigung und verbesserten die Zuverlässigkeit nachhaltig. Mit einem Mal war Harley wieder auf der Höhe der Zeit und behauptete sich gegen die V-Twins der großen vier japanischen Hersteller, denen es nie gelang, ihren Motorädern die Chemie mit auf

den Weg zu geben, die Harley-Davidson zur Legende machte (vergleichbar nur Ferrari in der Welt der Autos), zu einem Mythos, und vielleicht zur einzigen Firma, deren Zeichen sich Fans auf der ganzen Welt eintätowieren ließen und lassen.

■ FRÜCHTE DER LEIDENSCHAFT

Alle Harleys, die heute noch fahren, stammen ab vom Modell 7-D von 1911, in dem der Zweizylinder mit dem 45 Grad Zylinderwinkel das Laufen lernte. 6,5 PS mussten damals reichen, und bei 100 km/h war Schluss. Die 7-D war das Werk von vier jungen Burschen, William S. Harley

und den drei Davidson-Brüdern Arthur, William und Walter. Sie waren gerade 20 Jahre alt, wild entschlossen und furchtlos. 1903 bauten sie drei Motoren. Zehn Jahre später hatten sich 5625 Käufer für die 7-D entschieden. Weitere zehn Jahre später war Harley-Davidson zum größten Mototorradhersteller weltweit aufgestiegen. Wer sich heute eine Harley zulegt, erwirbt damit nicht nur ein Motorrad, das Benzin verbrennt wie alle anderen, sondern führt damit auch die Geschichte dieser US-Boys fort, die ihre Leidenschaft ohne Kompromisse lebten. Und dieses Stück Seele in einer jeden Harley gibt's obendrauf auf die gut geschmierte Mechanik. ■

1911 kommt mit der 7-D der V2 mit 45° Zylinderwinkel. Diese Bauart ist bis heute Harley-Davidson-Standard.

8-VENTIL-RACER
DAS RECHT DES STÄRKEREN

Indian durfte sich immer mit Recht als ältester Motorradhersteller der USA bezeichnen. 1901 ist das Geburtsjahr der Firma – zwei Jahre vor Harley-Davidson. Beide Firmen pflegen ihre Rivalität, auf wirtschaftlicher und auf sportlicher Ebene, von Anfang an. 1911 stellt Indian einen Zweizylinder mit vier Ventilen pro Zylinder vor. Indem man die Zahl der Ein- und Auslassventile verdoppelt, senkt man die Temperaturen im Ventilbereich des Kopfes, was die Rissgefahr verringert und zugleich erlaubt, die Leistung zu steigern. Mit dieser Entwicklung antwortet Indian auf die Herausforderung aus England, namentlich durch die Firma Matchless.

1915 findet man bei Harley, man sei nun an der Reihe, und präsentiert seinerseits einen Achtventiler. Das Pikante daran: Entwurf und Entwicklung gibt man bei einem Briten in Auftrag, Sir Henry Riccardo, einem der renommiertesten Spezialisten für die thermodynamischen Arbeitsabläufe bei Viertaktmotoren. Mit Erfolg überarbeitet er die Strömungsverhältnisse in Kanälen und Brennkammern, und das Ergebnis ist, dass nun Harley-Davidson seine Konkurrenz überholt.

Mit einem Schlag ist jetzt Harley-Davidson führender Motorradhersteller und festigt diese Position nur noch, als das Werk 1920 als erstes weltweit die Serienfertigung eines Achtventilers aufnimmt. 28.190 Exemplare werden gebaut und in 67 Länder exportiert – das ist mal ein Wort! Und Harley legt noch eins drauf, als Werksfahrer Otto Walker am 24. April 1921 als erster ein Rennen (in Beverly/Kalifornien) mit einer Durchschnittsgeschwindigkeit von 104,43 Meilen pro Stunde (167,41 km/h) gewinnt.

Weniger als 20 Exemplare werden von der 8-Ventil-Rennmaschine innerhalb eines Jahrzehnts produziert. Weil das Reglement fordert, dass die Rennmaschinen auch fürs Publikum erhältlich sein sollen, legt Harley Davidson den Kaufpreis fest auf 1490 Dollar. Zum Vergleich: Das teuerste Serienmotorrad kostet nur 350 Dollar.

Zum Einsatz kommt die Harley bei Board-Track-Rennen. Das erklärt auch, wieso sie ohne Bremsen und abgespeckt auf ein Minimum ausgeliefert wird. Die Rennen werden auf hölzernen Oval-Strecken abgehalten, wie sie in Europa für Radrennen dienen. Zu ihrer Blütezeit zwischen 1910 und 1920 zählen diese Rennen bis zu 80.000 Besucher. Das ist aber auch erforderlich, denn der Unterhalt der Bahnen ist sehr kostspielig: Alle fünf Jahre muss die Fahrbahn erneuert werden. Weil mit wachsender Geschwindigkeit die Unfälle immer schwerer werden und Bahnbetreibern wie Besuchern das Geld ausgeht, verschwinden die Rennen in der Großen Depression der dreißiger Jahre von der Bildfläche. 1932 wird die Meisterschaft zum letzten Mal ausgetragen – es gibt keine Rennstrecken mehr. ■

Der Achtventil-Twin setzte sich durch und machte Harley-Davidson zum Motorradhersteller Nummer 1.

Die 8 Ventil-Rennmaschine ist eines der schönsten je gebauten Rennmotorräder. Bis aufs Allernötigste abgespeckt, bringt sie den 45-Grad-V-Twin voll zur Geltung.

Technik

Motor	Zweizylinder, Zylinderwinkel 45 Grad, ohv, fahrtwindgekühlt
Hubraum	989 cm³
Gemischaufbereitung	Vergaser
Leistung	ca. 40 PS bei 4500/min
Bremsen	keine
Trockengewicht	124 kg
Höchstgeschwindigkeit	175 km/h

Dank der Hilfe eines weltweit führenden Experten für thermodynamische Prozesse bei Viertaktmotoren, Sir Henry Riccardo, deklassierte der Harley-Davidson-Achtventiler die Konkurrenz.

61 EL
DAS ANTIDEPRESSIVUM

Die Große Depression, die 1929 die USA erreicht, hat auch Auswirkungen auf die Motorradindustrie: Fast alle Motorradfabriken müssen schließen, mit Ausnahme von Indian und Harley-Davidson. Die Verkaufszahlen schmelzen nur so dahin, aber bei Harley-Davidson reagiert man positiv und stellt 1936 ein ganz neues Motorrad vor: Die 61 E (ausgestattet mit einem Motor von 61 cubic inches bei mittlerer Verdichtung). Von ihr abgeleitet wird die EL-Ausführung, deren Motor 3 PS mehr leistet. Dank des neuen Modells steigen die Produktionszahlen: 1937 baut Harley-Davidson 11.000 Maschinen, 1941 gar 18.000 (während es 1932 weniger als 4000 sind). Manche sehen in der EL das Motorrad, das die Firma vor dem Bankrott rettete. Indian wird es nach dem Zweiten Weltkrieg nicht gelingen, sich neu zu erfinden.

■ **Angetrieben** wird das Modell vom legendären Knucklehead-Motor. Seinen Namen hat er von der Form der Ventildeckel – sie erinnert an die Knöchel einer Faust. Besonderheit des Zweizylinders sind die hängenden Ventile, die mehr Leistung und eine geschmeidigere Leistungsentfaltung erlauben als bei den Vorgängermodellen mit seitlichen Ventilen. Gesteuert werden die Ventile von einer einzigen Nockenwelle – und dieses Prinzip wird für die nächsten 60 Jahre seine Gültigkeit behalten.
Eine weitere Neuheit ist die Schmierung – bei der das Motoröl unter Druck in den unter dem Fahrersitz liegenden Öltank zurückgeführt wird, statt ins Freie (und damit auf die Fahrbahn) zu gelangen. Neu ist auch das Vierganggetriebe, mit dem sich Harley-Davidson von Indian abgrenzt. Interessant ist zudem, dass Vorder- und Hinterrad untereinander austauschbar sind. Mit einer verkleideten Version der 61 EL stellt Joe Petrali im März 1937 mit 218,02 km/h auf dem Daytona Beach einen neuen Geschwindigkeitsrekord auf, der elf Jahre Bestand haben sollte.

■ **Die 61 EL** ist nicht nur ein für ihre Zeit schnelles Motorrad und der größte Entwicklungsschritt im Hause Harley-Davidson seit dem ersten Zweizylinder aus dem Jahre 1909. Sie ist auch eines der schönsten je in Milwaukee gebauten Motorräder. Der lange Tropfentank, die ausladenden Schutzbleche, das Rücklicht im Airflow-Stil, wundervolles Design im Art déco, die Qualität des Zubehörs und die sorgfältige Verarbeitung machen die 61 EL zu einer Skulptur von Kraft und Eleganz. ■

Mit dem legendären Knucklehead-Motor startet Harley-Davidson in den 30er Jahren wieder durch.

Der „Knucklehead"-Motor der sagenumwobenen 61 EL mit ihrem charakteristischen Luftfilterdeckel verdankt seinen Namen der Form der Ventildeckel.

Technik

Motor	Knucklehead-Zweizylinder, Zylinderwinkel 45 Grad, fahrtwindgekühlt
Hubraum	989 cm³
Gemischaufbereitung	Vergaser mit 30 mm Querschnitt
Leistung	37 PS bei 4800/min
Bremsen	Trommelbremsen 190 mm vorne und hinten
Trockengewicht	238 kg
Höchstgeschwindigkeit	145 km/h

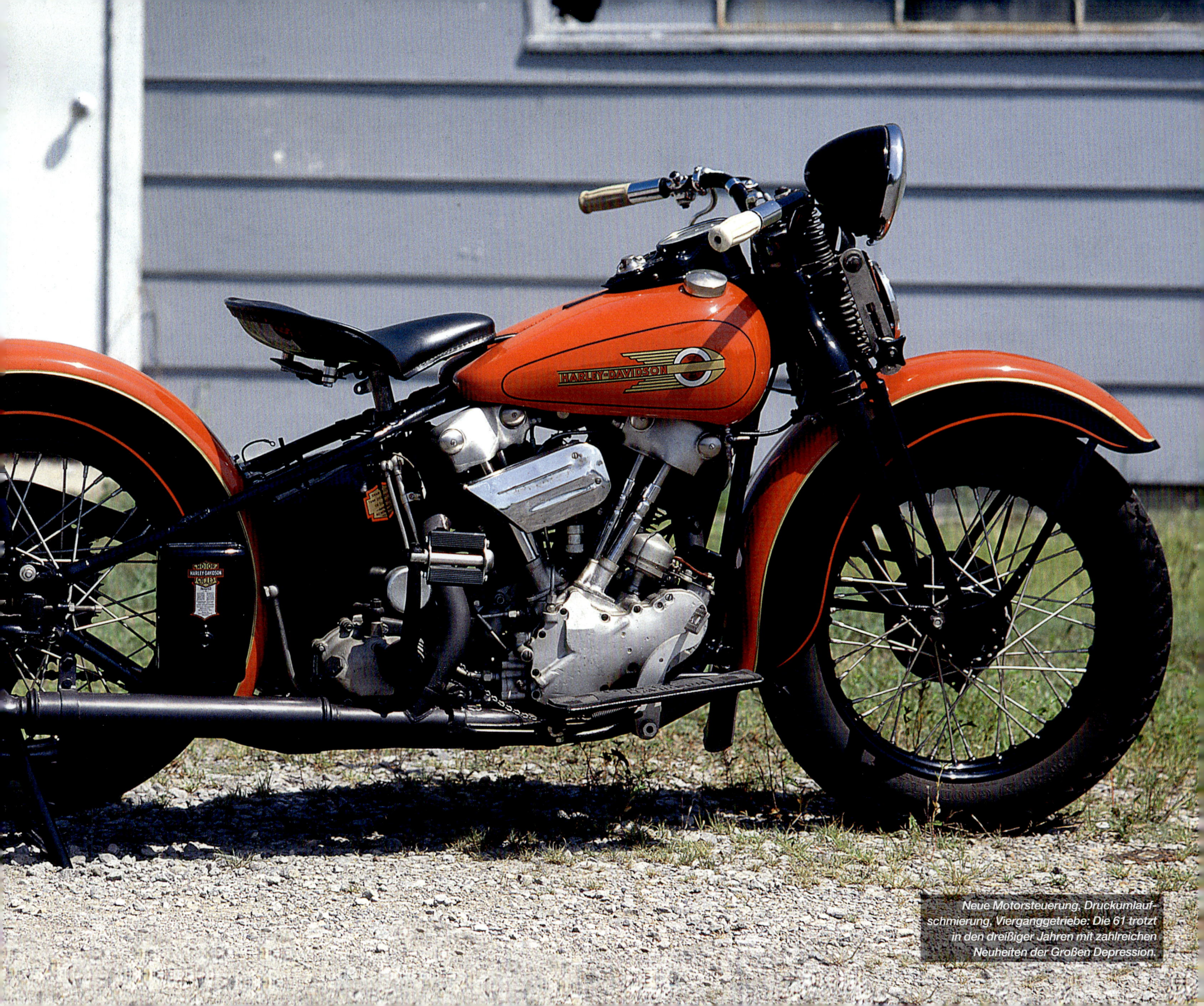

Mit verringertem Verdichtungsverhältnis und verstärktem, höhergelegtem und extra geschütztem Fahrwerk ist die WLA die Militärausführung der WL 750 – und mit 80.000 Einheiten das meistproduzierte Militärmotorrad der Geschichte.

WLA
KRIEGSERKLÄRUNG

Der Kriegseintritt der Vereinigten Staaten nach dem Angriff von 400 japanischen Flugzeugen am 7. Dezember 1941 auf Pearl Harbour versetzt eine ganze Industrie in Aufruhr, die nun eine Armee mit Material beliefern muss. Die Aufrüstung macht vor Harley-Davidson nicht Halt: Geliefert werden 80.000 Motorräder (und Gespanne) an die US-Armee und an die Verbündeten. Nach dem Ende des Krieges sollten diese Maschinen jede Menge Liebhaber beglücken, die eine ebenso gute wie günstige Basis für den Umbau zu Choppern fanden.

Die WLA (A für Army), die schon allein wegen ihres Einsatzzwecks robust, zuverlässig und reparaturfreundlich sein muss, ist abgeleitet von der WL Baujahr 1937, die „nur" 45 cubic inches Hubraum (737 cm³) aufweist und sich in Polizeidiensten bereits einen soliden Ruf erworben hat. Aus ihr macht Harley-Davidson das meistproduzierte Armeemotorrad der Geschichte. Konstruktiv muss kaum etwas geändert werden, nur der Gasgriff wandert nach links, um den Soldaten die rechte Hand (zum Grüßen und zum Schießen) freizuhalten. 1942 erreicht die Produktion ihren Höhepunkt.

■ **Die WLA** ist dafür gebaut, hart rangenommen zu werden. Ausgeliefert wird sie einheitlich in dunklem Olivgrün. Zu Tarnzwecken lassen sich Scheinwerfer und Rücklicht verdunkeln, höhergelegte Schutzbleche erlauben das Vorankommen auch im tiefen Schlamm, das Motorgehäuse wird an der Unterseite durch eine Stahlplatte und seitlich durch Sturzbügel geschützt. Robuste Packtaschen nehmen Funkgeräte und weitere Ausrüstung auf. Ölbadfilter, verringerte Kompression, um auch mit schlechtem Benzin voranzukommen, untereinander austauschbare Räder, seitliche Behälter aus Metall, um die Munition zu verstauen – die WLA ist konsequent konstruiert. Sie bewährt sich derart gut, dass für den Koreakrieg die Fertigung noch einmal aufgenommen wird.

■ **Der Motor** ist mit seinen 24 PS alles andere als eine Bombe, aber dafür nichts weniger als unverwüstlich. Die WLA erledigt ihren Job, genauso wie die boys in Armeediensten, die sich an ihrem Lenker abwechseln. Auf der rechten Seite nimmt ein Gewehrhalter die berühmte Maschinenpistole Thompson M1 auf, die mit 600 $ die 379,84 $ teure WLA wie ein Schnäppchen aussehen lässt. ■

Seit 1942 schmiedet sich die WLA, ganz wie der Jeep, auf den Kriegsschauplätzen zur Legende und wird zu einer Ikone der US Army.

Seit 1926 erweist sich der seitengesteuerte Motor von Harley-Davidson, wie er auch in der WLA zum Einsatz kommt, als wartungsfreundlich und nahezu unzerstörbar.

Technik

Motor	Zylinderwinkel 45 Grad, seitengesteuert
Hubraum	737 cm³
Gemischaufbereitung	Vergaser mit 24 mm Querschnitt
Leistung	24 PS bei 4800/min
Bremsen	Trommelbremsen 200 mm vorne und hinten
Trockengewicht	255 kg
Höchstgeschwindigkeit	105 km/h

HYDRA GLIDE

EINLADUNG ZUR GROSSEN REISE

Die Hydra Glide ist die erste Harley-Davidson, die einen Namen an Stelle eines Codes aus Buchstaben und Zahlen trägt. Sie erscheint 1949 und ist ein weiterer Meilenstein. Während das Hinterrad ungefedert bleibt, verfügt sie erstmals über eine hydraulische Gabel anstelle der Federgabel mit geschobenem Vorderrad. Das erhöht den Komfort beträchtlich, ein Weiteres tut der Schwingsattel, den sich die Firma bereits 1912 hatte patentieren lassen. Abgesehen davon, dass sie die Stöße auf Fahrbahnen, die 1949 noch nicht so topfeben waren wie heute, besser absorbiert, sollte die Telegabel auch die Lebensdauer von Motor und Rahmen verlängern. Mit diesen Qualitäten im Rücken, lädt Harley-Davidson mit der neuen Schönen aus Milwaukee zur ganz großen Tour ein und

zum komfortablen Reisen über Distanzen bislang nicht gekannten Umfanges.

■ **Die Hydra Glide** wartet auch schon mit dem neuen Panhead-Motor auf, der den Knucklehead ablöst. Er ist in zwei Versionen verfügbar: 61 cubic inches (1000 cm³) und 74 cubic inches (1213 cm³). Die Kundschaft will eindeutig mehr Hubraum. So wird der größere Motor bis 1965 weitergebaut, sein kleinerer Bruder aber ist bereits nach fünf Jahren in der Versenkung verschwunden. Das Motorgehäuse ist unverändert das der Knucklehead, nun aber kommen Zylinderköpfe aus einer Aluminiumlegierung zum Einsatz. Auch da bleibt Harley seinem Prinzip treu und setzt auf Evolution statt Revolution. Die Motorsteuerung geschieht unverändert über

Kipphebel, die sich hinter einer Stahlblechabdeckung verbergen, die Assoziationen an eine Bratpfanne hervorruft und so dem Motor zu seinem Spitznamen verhilft. Mit einer besseren Motorabdichtung und hydraulischen Stößelstangen bietet der Panhead größere Zuverlässigkeit, die den Reisequalitäten der Hydra Glide nur zugute kommt.

■ **Mehr als ein Jahrzehnt** lang setzt die Hydra Glide Maßstäbe, bevor sie von der Duo Glide abgelöst wird. Diese übernimmt die bewährten Konstruktionselemente ihrer Vorgängerin, verfügt an der Hinterhand aber über eine gefederte Schwinge und Stoßdämpfer, womit Straßenlage und Komfort auf der Höhe der Zeit angelangt sind. ■

Mit einer Teleskopgabel und dem neuen Panhead-Motor eröffnen sich auf der Hydra Glide ganz neue Horizonte.

Die Hydra Glide bietet den Komfort einer hydraulischen Gabel. Erst mit der Duo Glide hält auch die Hinterradfederung Einzug.

Technik

Motor Panhead-Zweizylinder, Zylinderwinkel 45 Grad, fahrtwindgekühlt

Hubraum 1213 cm³

Gemischaufbereitung Vergaser mit 33 mm Querschnitt

Leistung 55 PS bei 6500/min

Bremsen Trommelbremsen 200 mm vorne und hinten

Trockengewicht 290 kg

Höchstgeschwindigkeit 150 km/h

Der Panhead-Motor hat ein klareres Aussehen, ist zuverlässiger und stärker als der Knucklehead. Dank der hydraulischen Telegabel lassen sich auch lange Entfernungen ermüdungsfrei zurücklegen.

SPORTSTER XL

SCHLICHT UND STARK

Die unglaubliche Odyssee der Sportster (gebaut für den sportlichen Einsatz, wie der Name verrät) beginnt im Jahr 1957, doch ihre Wurzeln gehen zurück auf das Jahr 1952. Als Reaktion auf die immer stärker aufkommenden British Bikes à la BSA und Triumph bringt Harley die 750 K – das erste Motorrad der Marke, bei dem Motor und Getriebe eine Einheit bilden. Auch Handkupplung und Fußschaltung sind neu. Mit ihr vollzieht Harley-Davidson einen echten Bruch mit den vorherigen Modellen, etwa der Knucklehead, die zehn Jahre zuvor noch der große Star war.

Die K-Serie soll vor allem eine jüngere Kundschaft ansprechen: Sie hat einen Doppelschleifenrahmen, eine gefederte Schwinge hinten und eine hydraulische Teleskopgabel vorne. Der Haken an der Sache ist der, dass der 45 cubic inches (737 cm³) große Twin noch immer seitengesteuert ist und nicht mehr als 30 PS stemmt – zu wenig, um gegen die europäische Konkurrenz zu bestehen.

■ **1954** soll die KH Abhilfe schaffen. Mit ihren 54 cubic inches (883 cm³) liegt sie so eben noch unter der Grenze von 900 cm³, jenseits derer die Versicherungen richtig zuschlagen. Dieser Twin hat jetzt 8 PS mehr, ist aber noch immer seitengesteuert. Dem Publikum reicht das nicht, und die Zielgruppe bevorzugt noch immer die englischen Motorräder. 1957 ist die Botschaft bei Harley-Davidson angekommen, dass endlich ein Zweizylinder mit hängenden Ventilen, angeordnet im 90-Grad-Winkel, her muss. Das ist die Geburtsstunde der Sportster XL, die sich zwar an die Vorgängermodelle anlehnt, aber auch von der Triumph Thunderbird von 1949 inspiriert ist.

■ **Die Sportster** pflegt mit ihrer Leichtigkeit und Handlichkeit die DNA der Marke, die ihr einst den Vorsprung vor der Konkurrenz verschaffte – namentlich vor Indian, Excelsior, Cyclone, Henderson –, bevor verschwenderisch ausgestattete und verchromte Highway-Kreuzer die Legende von Milwaukee begründeten. Von Anfang an stellt die Sportster 20 Prozent der jährlichen Verkäufe der Marke, und dieser Erfolg soll auch nicht abreißen. In mehr als 60 Jahren ununterbrochener Fertigung werden 300.000 Exemplare verkauft, und es wird 28 Jahre dauern, bevor die Evolution Engine die Ironhead-Motoren der ersten Tage ablöst. ■

1957 verleiht ein neuer Zylinderkopf der Sportster Flügel. Und die Verkaufszahlen gehen durch die Decke!

Die Sportster hält den Weltrekord: Kein anderes Motorrad wird schon so lange hergestellt.

Technik

Motor V-Zweizylinder, Zylinderwinkel 45 Grad, hängende Ventile, fahrtwindgekühlt

Hubraum 883 cm³

Gemischaufbereitung Vergaser mit 34 mm Querschnitt

Leistung 40 PS bei 5500/min

Bremsen Trommelbremsen 200 mm vorne und hinten

Trockengewicht 210 kg

Höchstgeschwindigkeit 145 km/h

Von Anfang an stellt die Sportster XL 20 Prozent der Harley-Verkaufszahlen und erlaubt so der Marke, sich gegen die britische Konkurrenz zu behaupten.

Bei der Duo Glide stellt der Panhead-
Zweizylinder eine Verbesserung gegen-
über dem Knucklehead-Motor dar.
Er ist laufruhiger und zuverlässiger.

DUO GLIDE

KOMFORT IST DAS ZIEL

Chronologisch zwischen Hydra Glide und Electra Glide angesiedelt, veranschaulicht die Duo Glide die bedächtige technische Entwicklung innerhalb der Harley-Davidson-Modellpalette. Zu Beginn der 50er Jahre bringt die Hydra Glide gleich zwei Innovationen mit: die hydraulische Telegabel und den Panhead-Motor, der den schon sagenumwobenen Knucklehead ablöst. Die hydraulische Vorderradfederung, bei anderen Marken bereits in Einsatz und Fertigung, ist ein erster Schritt zur Verbesserung von Komfort und Straßenlage und damit ein Sicherheitsgewinn. Ein Jahrzehnt später kommt die Duo Glide. Äußerlich kaum verändert gegenüber der Hydra Glide, kann sie doch als weitere Evolutionsstufe angesehen werden. Das Hinterrad wird nun von einer gefederten Schwinge geführt. So verbessern sich Komfort und Straßenlage deutlich, und die Federung des ausladenden Sitzes verbessert den Komfort noch mehr.

▌ **Die letzte Etappe** dieser Evolution ist Mitte der Sechziger die Electra Glide, die mit einem elektrischen Anlasser und dem neuen Shovelhead-Motor (von dem 380.000 Exemplare gebaut wurden) auf den Markt kommt. Der neue Motor ist ein großer Schritt nach vorn in Sachen Kühlung, Leistung und Zuverlässigkeit und erlaubt, die überlegenen Reisequalitäten als Verkaufsargument ins Spiel zu bringen.

▌ **Die Duo Glide** (to glide heißt „gleiten", und der Name soll die Tourerqualitäten hervorheben) behält den Panhead-Motor mit 55 PS, der in seiner FLH-Ausführung mit polierten Nockenwellen und Kanälen zehn Prozent mehr Leistung hat. Weitere Neuentwicklung ist die hydraulische Hinterradbremse, die man bis dato nur am Liefer-Dreirad „Servi-Car" fand. Die Duo Glide, von Hause aus schon mit viel Chrom und Design-Elementen ausgestattet, wird oft mit zahlreichen weiteren Zubehörteilen wie Packtaschen, Frontscheibe und Zusatzscheinwerfern aus dem reichhaltigen Zubehörprogramm ausgestattet (und beschwert). So ließ und lässt sich jede Harley nicht nur personalisieren, sondern auch auf ihren Einsatzzweck hin optimieren – und darauf versteht sich kaum eine Zielgruppe besser als die der Harley-Fahrer ... ■

> 1958 gibt es an der Duo Glide die Hinterradfederung zur Teleskopgabel, die 1949 an der Hydra Glide eingeführt wurde.

Komfort und Straßenlage sind mit der Einführung der gefederten Hinterradschwinge auf der Höhe der Zeit.

Technik

Motor	V-Zweizylinder, Zylinderwinkel 45 Grad, fahrtwindgekühlt
Hubraum	1213 cm³
Gemischaufbereitung	Vergaser mit 33 mm Querschnitt
Leistung	55 PS bei 6500/min
Bremsen	Trommelbremsen 200 mm vorne und hinten
Trockengewicht	290 kg
Höchstgeschwindigkeit	150 km/h

ELECTRA GLIDE

DIE ELEKTRIK-FEE

Den Streifenpolizisten oder den Langstreckenreisenden denkt sich fast automatisch hinzu, wer eine klassische Electra Glide erblickt. Mit ihrem Auftritt, der Scheinwerfer-Batterie, den ausladenden Anbauteilen, dem ehrfurchtgebietenden Zweizylinder und der verlockenden Einladung zum ultra-bequemen Langstrecken-Cruisen verkörpert sie den Harley-Davidson-Mythos mehr als jedes andere Motorrad. Ihre Wurzeln hat sie in der Hydra Glide von 1949, der ersten Harley mit Telegabel, erstrangiges Merkmal von Komfort und Sicherheit. Nicht mit an Bord ist bei der Hydra Glide jedoch die Hinterradfederung – die wird erst eingeführt mit der Duo Glide von 1958, die zusätzlich zur Teleskopgabel eine gefederte Hinterradschwinge erhält. Der letzte Schliff in punkto Annehmlichkeit

kommt allerdings erst 1965 mit der Einführung des elektrischen Anlassers, der dem Bike auch seinen Namen verleiht. Einher mit der Installation des neuen Bauteils geht die Einführung eines 12V-Bordnetzes und einer vergrößerten Batterie, was wiederum eine Veränderung des Öltanks erfordert. Der Kickstarter bleibt dennoch an Bord (bis zur Einführung der neuen Lichtmaschine im Jahre 1969), um das Motorrad doch noch jederzeit antreten zu können.

■ **Die Electra Glide** wird in ihrem ersten Baujahr mit dem 1213 cm³ großen Panhead-Motor ausgestattet, der bereits Hydra und Duo Glide vorantrieb. Heute ist der Jahrgang bei Sammlern auf der ganzen Welt heiß begehrt, denn schon 1966 weicht der Panhead dem neuen Shovelhead, der seinen Namen

wiederum der – diesmal schaufelförmigen – Form der Ventildeckel verdankt. Die Verwendung von Aluminium für die Zylinderköpfe verbessert die Kühlung und verringert das Gewicht. Zehn Prozent mehr Leistung gibt es obendrein (60 PS bei der FLH anstelle von 54 bei der FH), so dass der Motor erst zu Beginn der Achtziger Platz machen muss für den neuen, 1340 cm³ großen Shovelhead. 1971 gibt es für die Electra Glide eine Scheibenbremse am Vorderrad – mehr als bloßer Luxus angesichts des Gewichtes dieses Schlachtschiffes.

■ **Auch wenn** sie mehr als stattlich auftritt, so ist die Electra Glide, auch „King of the Highway" genannt, ein handliches und stabiles Motorrad – beides auch der geringen Sitzhöhe von nur 670 mm geschuldet. Damit lässt es sich hervorragend durch den Verkehr schlängeln – und das weiß auch die Polizei zu schätzen. Dank des neuen Elektrostarters gehören auch die Stepptänze auf dem Kickstarter der Vergangenheit an, die insbesondere die technikverwöhnten Jünger der japanischen Hersteller bisher vom Kauf abgehalten hatten. ■

> 1965 reimt sich Electra Glide auf Elektrostarter, ein weiteres Komfortmerkmal nach dem „gleitenden" Fahrwerk der Duo Glide.

Die Electra Gilde ist zu ihrer Zeit das Nonplusultra in Sachen Komfort.

Technik

Motor V-Zweizylinder, Zylinderwinkel 45 Grad, zunächst Panhead, später Shovelhead, fahrtwindgekühlt

Hubraum 1213 cm³

Gemischaufbereitung Vergaser mit 33 mm Querschnitt

Leistung 54 PS bei 6500/min

Bremsen Trommelbremsen 200 mm vorne und hinten

Trockengewicht 290 kg

Höchstgeschwindigkeit 155 km/h

1965 kommt die Electra Glide mit dem Panhead-V-Twin auf den Markt, der 18 Jahre lang gebaut wird. Ab 1966 hat sie dank des Shovelhead-Motors mehr Leistung.

FX SUPER GLIDE

WIND DER FREIHEIT

Das Ende der Sechziger Jahre wird zum einen geprägt von Dennis Hoppers Road Movie Easy Rider, Inspiration für eine ganze Generation junger Motorradfahrer, und zum anderen durch die Übernahme von Harley-Davidson durch AMF (American Machine and Foundry Corporation). Die FX Super Glide ist der Ausdruck des wiedergefundenen Freiheitsdranges der Harley-Fahrer und ihrer Lust an der individuellen Gestaltung des eigenen Motorrades. Gleichzeitig ist sie ein Kunstgriff des AMF-Managements, ein neues Motorrad auf den Markt zu bringen, ohne viel in die Entwicklung investieren zu müssen. Chefdesigner Willie G. Davidson hat die Aufgabe, ein Motorrad zu gestalten, das dem Geist seiner Zeit folgt. In der Folge baut er den ersten Großserien-Chopper, für den er die Zutaten praktischerweise im Ersatzteilregal findet.

Der Name ist Programm: FX steht einerseits für Factory Experimental, andererseits aber auch für die beiden Baureihen FL und XL, und das nicht ohne Grund. Von der XLH Sportster stammt die Frontpartie mit Gabel, Vorderrad, Bremsen und Lichtanlage, von der FLH Electra Glide der Rahmen mitsamt Motor. Ergebnis der Operation ist ein leichteres, aber stärkeres Motorrad. Der Anblick einer filigranen Front in Verbindung mit einem so massiven Heck ist zunächst einmal gewöhnungsbedürftig, und hinzu kommt dieser an die Hörner einer Kuh erinnernde Lenker, der einem die entspannte Sitzhaltung, mit den Füßen nach vorne, praktisch aufzwingt. Die Harley-Davidson-Werbung bezeichnet die FX Super Glide als „hot new muscle bike", und „ein Motorrad, das Testosteron verbrennt". 1971 werden 4700 Exemplare mit Kickstarter gebaut und verkauft, und als

im Folgejahr der E-Starter hinzukommt (das war dann die FXE), verkauft sich das neue Modell noch besser. Wer sagt da, Rebellen müssten auf Komfort verzichten?

Charakteristisch für die FX, aber auch als Zubehör für die Sportster zu haben, ist das schlank nach hinten auslaufende GFK-Monocoque, „Boattail" genannt. Das steht in der Tradition der ähnlich karossierten Edelschlitten vergangener Zeiten von Packard und von Duesenberg, stößt aber nicht nur auf Zustimmung. 1972 weicht der Boattail einer konventionelleren Sitzbank/Schutzblech-Einheit. Die hier gezeigte Ausführung in Weiß, mit roten und blauen Designelementen, genannt „Sparkling America", ist mit einem Augenzwinkern an Peter Fondas „Captain America" aus Easy Rider angelehnt. ∎

Der erste Chopper von der Stange verbindet die Front einer Sportster mit Rahmen und Motor der Electra Glide.

1971 wurde sie noch mit Kickstarter gebaut. Als sie 1972 einen Anlasser bekam, verdoppelten sich die Verkaufszahlen.

Technik

Motor	V-Zweizylinder, Zylinderwinkel 45 Grad, hängende Ventile, fahrtwindgekühlt
Hubraum	1213 cm³
Gemischaufbereitung	Vergaser mit 41 mm Querschnitt
Leistung	65 PS bei 5500/min
Bremsen	Trommelbremsen 200 mm vorne und hinten
Trockengewicht	256 kg
Höchstgeschwindigkeit	175 km/h

Leicht (143 Kilogramm), stark (bis zu 100 PS) und perfekt auf die Rennstrecke zugeschnitten, blieb die XR 750 über 30 Jahre lang ein Gewinner.

XR 750

EIN RACER OHNEGLEICHEN

Kein anderes Motorrad der Welt hat so viele Meisterschaften eingefahren wie die Harley-Davidson XR 750. Angesichts der nicht gerade sportlichen Motorräder des Programms mutet das fast wie ein Paradox an, doch es stimmt: Zwischen 1972 und 2008 gewann die XR 750 in der Tat 27 der 39 AMA Grand National Championships. In diesen auf unbefestigten Ovalkursen ausgetragenen Wettbewerben wurden Männer zu Legenden: Dick Mann, Gary Nixon, Mert Lawwill, Jay Springsteen, Cal Rayborn und, nach ihnen, Kenny Roberts, Eddie Lawson, Freddie Spencer … Die XR 750 ersetzte die 1952 erschienene K-Serie, die Ende der Sechziger und Anfang der Siebziger nichts mehr zu melden hatte gegen die starke Konkurrenz,

die nunmehr nicht nur aus England, sondern aus Japan kam.

▮ **Dick O'Brien,** der herausragende Boss der Harley-Rennabteilung musste reagieren. Also baute er einen Sportster-Motor in einen KR-Rennrahmen ein. Im nächsten Schritt werden Zylinder und Köpfe aus Aluminium eingebaut – das spart acht Kilogramm! Die Auspuffanlage mündet nun nicht mehr auf der rechten Fahrzeugseite unten, sondern auf der rechten Seite oben. Das Reglement der AMA (American Motorcyclist Association) schreibt vor, dass die an der Rennmaschine verwendeten Teile aus dem Harley-Ersatzteilkatalog stammen müssen. Der neue Motor mit zwei 36 mm großen Mikuni-Vergasern,

verstärkter Kurbelwelle, kürzeren Pleueln und stark angehobener Verdichtung hat eine Besonderheit: Der hintere Zylinder saugt von hinten an, der Auslass bläst nach vorn.

▮ **Nach einer ersten** Serie von 200 Exemplaren (wie es für die Homologation des Motorrades von der AMA verlangt wurde) mit einer Leistung von 73 PS (und 10 PS extra im Renntrimm) verließen die letzten XR 750 im Jahr 1975 das Harley-Werk. 1990 schob die Rennabteilung für ausgewählte Tuner und Fahrer noch einmal 25 Motoren mit einer Leistung von 90 PS (und 100 PS im Renntrimm) nach, mit denen noch zahlreiche Siege eingefahren werden konnten. Als XRTT fand die XR 750 auch den Weg auf die Rundstrecke. Sogar fliegen konnte sie – zumindest in den Händen von Evel Knievel, der zwischen 1970 und 1977 mit einer XR 750 seine tollkühnen Showsprünge vollführte. ■

Die Harley-Davidson XR 750 ist das am meisten dekorierte Motorrad der Geschichte. Der Stolz Amerikas!

Auf Basis des Sportster-Motors kreierte Dick O'Brien, Chef der Rennabteilung, ein legendäres Triebwerk.

Technik

Motor	V-Zweizylinder, Zylinderwinkel 45 Grad, hängende Ventile, fahrtwindgekühlt
Hubraum	749 cm³
Gemischaufbereitung	2 Vergaser mit 36 mm Querschnitt
Leistung	73–100 PS, je nach Tuningstufe
Bremsen	keine Vorderradbremse, hinten 1 Trommel
Trockengewicht	143 kg
Höchstgeschwindigkeit	185 km/h

XLCR 1000

DAS BÖSE MÄDCHEN AUS MILWAUKEE

Zur Daytona Bike Week 1977 stellt Harley Davidson die XLCR vor, einen Café Racer, der beim denkbar dankbarsten Publikum der Welt einschlägt wie eine Bombe. „Ich habe sie für mich gebaut", erklärt ein stolzer Willie G. Davidson. „Wenn sie gefällt, können wir sie produzieren – wenn nicht, dann behalte ich sie für mich." Der einstige Student des prestigeträchtigen Art Center College of Design und Ford-Mitarbeiter, inzwischen Boss der Stylingabteilung in Milwaukee, hatte die XLCR ganz in Schwarz getaucht, das dem Motorrad ein finsteres Aussehen verlieh, und den Gussmotor der Sportster 1000 installiert. Dank der „siamesisch" getauften Krümmerführung, bei der beide Krümmer zunächst zusammengeführt werden, bevor sie sich auf beide Seiten des Motorrades verteilen, ist er um 5 PS stärker als in der Sportster, was von der Werbeabteilung sogleich mit dem Slogan „die stärkste Harley aller Zeiten" honoriert

wird. Auf die Waage bringt die XLCR unter Verzicht auf Komfort und Zubehör nur 235 Kilogramm, und mit dem schlanken Schutzblech vorne, dem minimalistischen Sitzbankhöcker, dem schlanken 15-Liter-Tank und einer kleinen Lenkerverkleidung gibt sie sich bewusst europäisch, und das passt: Denn gegen die Europäer wird sie auf den Markt geschickt.

Ganz in diesem Stil bekommt die XLCR als erste Harley Davidson nicht nur Aluminium-Gussfelgen verpasst, sondern auch zwei Bremsscheiben am Vorderrad – wie sich das gehört für ein Sportmotorrad. Der neue Rahmen (mit Kastenschwinge) ist abgeleitet vom dem der XR 750 und leichter

ausgeführt. Bis 2003 bleibt er Standard für die komplette Sportster-Baureihe.

Zu teuer (25 Prozent teurer als die stärkere und schnellere europäische Konkurrenz), findet jedoch die Kundschaft. Die XLCR wird ein kommerzieller Flop, es werden nicht mehr als 3133 Exemplare verkauft – und ein paar noch aus Ersatzteilen zusammengeschraubt. Manch ein Händler, der die Hoffnung aufgegeben hat, sie noch an den Mann zu bringen, verkauft sie am Ende zum halben Preis. Schon nach zwei Jahren verschwindet die XLCR aus den Katalogen. Heute ist der Vorbote der Café-Racer-Welle ein gesuchtes Sammlerstück. Willie G. Davidson hat mit ihr den Damm gebrochen – leider nur zu früh! ∎

1977 wurde sie noch von der Gemeinde verschmäht, heute gilt die von Willie G. entworfene XLCR als Trendsetter.

Die XLCR, damals nur in Schwarz ausgeliefert (eine Premiere bei Harley), blieb nur zwei Jahre lang im Katalog geduldet, nach 3133 Exemplaren war Schluss.

Technik

Motor	V-Zweizylinder, Zylinderwinkel 45 Grad, hängende Ventile, fahrtwindgekühlt
Hubraum	1000 cm³
Gemischaufbereitung	Keihin-Vergaser mit 36 mm Querschnitt
Leistung	61 PS bei 6200/min
Bremsen	2 Scheibenbremsen vorn, 251 mm, Scheibe hinten, 251 mm
Trockengewicht	235 kg
Höchstgeschwindigkeit	170 km/h

Der neue Evolution-Motor, auch Blockhead genannt, und der falsche Starrrahmen machen die FXST Softail 1984 und 1985 zum Bestseller.

FXST SOFTAIL

WENN DER SCHEIN TRÜGT

Die ursprüngliche Idee zum Softail-Rahmen – also pure Starrrahmen-Optik, aber mit unter dem Getriebe verborgener Federung – geht gar nicht zurück auf Harley-Davidson, sondern auf Bill Davis, seines Zeichens Ingenieur aus Saint Louis im US-Bundesstaat Missouri. Er hatte seine Super Glide, Baujahr 1972, derartig umgebaut und präsentierte die Früchte seiner Arbeit im August 1976 Willie G. Davidson. Zwar gefallen dem die gewagte Idee und ihre Ausführung, doch weil man sich bei Harley-Davidson immer viel Zeit zum Nachdenken lässt, dauert es bis zum Januar 1982, dass Harley-Davidson ihm das Patent abkauft und in der Folge massenhaft unters fahrende Volk bringt. Der Startschuss fällt im Juni 1983 mit der Vorstellung der FXST Softail, die 1984 in

Serie geht. Die gewagte Neuerung wird ein großer Erfolg, und nach und nach erwächst aus der ersten Softail eine ganze Modellfamilie des Namens.

Die FXST Softail profitiert somit als erste von dem neuen Rahmen, dessen Bauprinzip in der Folge noch viele Hersteller übernehmen sollten. Das überrascht nicht, denn die Idee ist überzeugend: Was auf den ersten Blick wie ein Starrrahmen aussieht, ist in Wahrheit dank verborgener Hinterradfederung nicht weniger komfortabel als ein normaler Rahmen. Als sei das noch nicht genug, spielt die FXST mit lässiger Eleganz die Nostalgie-Karte – mit Speichenrädern, großem Fat-Bob-Tank und tiefem, breitem Sattel. Das ist der Stoff, aus dem Verkaufs-

schlager gemacht sind: Die FXST verkauft sich blendend und schnellt in den beiden ersten Jahren an die Spitzenposition der Harley-Verkaufszahlen.

Das Jahr, in dem die Softail in Serie geht, ist auch das erste einer neuen Motorengeneration. 1984 fällt der Startschuss für die Evolution Engine. Der überwiegend aus Aluminium bestehende Motor wird mit freundlicher Unterstützung von Porsche entwickelt und mehr als eine Million Mal gebaut. Er tritt die Nachfolge des 1966 eingeführten Shovelhead an und übernimmt von diesem das Motorgehäuse. Die Zylinder bestehen jedoch aus Aluminium, die Brennräume in den Zylinderköpfen sind ebenso überarbeitet wie die Kolben, der Vergaser hat einen größeren Querschnitt, und die Zündung namens V-Fire III feuert jetzt elektronisch.

All das macht ihn zuverlässiger, leiser, sauberer und stärker, dazu hängt er besser am Gas. Und es versteht sich von selbst, dass auch der neue Motor wieder einen Spitznamen nach der Form der Ventildeckel erhält: Die sind jetzt kantiger und flächiger, was dem neuen Triebwerk den Namen Blockhead einbringt. ∎

> 1984 kommt die FXST Softail mit Starr-rahmen-Optik und verborgener Federung. Ein Kunstgriff, der sich auszahlt!

Die neue Evolution Engine, mit Porsche-Hilfe entwickelt, hat mehr Leistung und wird mehr als eine Million Mal gebaut.

Technik

Motor	V-Zweizylinder, Zylinderwinkel 45 Grad, hängende Ventile, fahrtwindgekühlt
Hubraum	1337 cm³
Gemischaufbereitung	Vergaser mit 38 mm Querschnitt
Leistung	80 PS bei 6000/min
Bremsen	2 Scheibenbremsen vorn, 1 hinten, Durchmesser 280 mm
Trockengewicht	285 kg
Höchstgeschwindigkeit	175 km/h

883 SPORTSTER

DIE GELDDRUCKMASCHINE

Die Sportster, seit 1957 ununterbrochen gebaut, ist das älteste Modell der Harley-Davidson-Palette. Tausenden und Abertausenden von Motorradfahrern (und immer mehr Motorradfahrerinnen) hat sie den Harley-Mythos zugänglich gemacht durch ihre leichte Bedienung, ihre Handlichkeit, ihre Einfachheit und, nicht zu vergessen, ihren erschwinglichen Preis. Erst 1986 erlebt die Sportster dann ihre eigene kleine Revolution, indem sie – wie die großen Twins bereits 1984 – einen neuen Motor erhält. Nun tritt die Evolution Engine auch in der Sportster-Reihe an. Sieben Jahre intensiven Testens und Entwickelns hat es bedurft, bis der Vorstand zufrieden war mit dem Zugewinn an Leistung und Zuverlässigkeit. Der neue Motor steht für den Neubeginn der Marke, nachdem 13 leitende Harley-Angestellte, darunter

Willie G. Davidson, für 80 Millionen Dollar den Laden übernommen haben, um ihn zu retten, mit Vaughan Beals Junior an der Spitze. In dieser frischen Brise wurden 1983 auch die Harley Owners Groups (HOG) gegründet, in denen sich die treuesten der treuen Markenjünger versammeln. 2006 zählten die HOG bereits mehr als eine Million Mitglieder!

■ **Seit 1986** gibt es die Sportster also mit dem Evo-Motor. Zylinder und Köpfe aus Aluminium verbessern die Kühlung deutlich. Bessere Verarbeitungsqualität und eine effektivere Filterung des zirkulierenden Öls sorgen für mehr Zuverlässigkeit und längeres Motorleben. Zum Einsatz kommen nun auch hier elektronische Zündanlage und Hydrostößel. Erstmals sind jetzt zwei Hubraumversionen wählbar: Sportster-Käufer haben die Wahl

zwischen der 883 (Traditions-Hubraum der Sportster-Reihe) und der 1100 (aus der 1988 aber schon die 1200 wird). 1991 spendiert Harley der Sportster ein Fünfganggetriebe, das sich viel präziser schalten lässt. In Sachen Sekundärantrieb hat die gute alte Kette ausgedient, ihren Platz nimmt ein Zahnriemen ein, der viel leiser und sauberer läuft und kaum noch Wartung braucht. Für Besitzer älterer Harleys gibt es Nachrüstkits.

■ **Das Technik-Upgrade** auf die Evolution Engine lockt neue Käufer – vor allem, weil die fortschrittlichere Technik nicht viel teurer geworden ist. Schon ab 4000 Dollar wird der Traum von der Harley Wirklichkeit, und an den Verkaufszahlen lässt sich das sehr gut ablesen. Die 883 ist der perfekte Einstieg in die große Welt von Harley-Davidson, und von hier aus kann sich die Käuferschaft nach und nach jene Wünsche erfüllen, die nicht nur die Technik weckt, sondern auch der Geist, der in jeder Harley steckt. ■

Evolution Engine und eine aggressive Verkaufspolitik lassen die Verkaufszahlen der 883 Sportster in die Höhe schnellen.

Die 883 erlaubt sich keine Schwäche und verbindet Stil und Kraft zu einer geglückten Synthese.

Technik

Motor V-Zweizylinder, Zylinderwinkel 45 Grad, hängende Ventile, fahrtwindgekühlt

Hubraum 883 cm³

Gemischaufbereitung Vergaser mit 40 mm Querschnitt

Leistung 46 PS bei 6000/min

Bremsen Scheibenbremse vorn und hinten, Durchmesser 292 mm

Trockengewicht 221 kg

Höchstgeschwindigkeit 150 km/h

Die Sportster, die es seit 1957 gibt, wird mit dem Evo-Motor runderneuert, der leichter und stärker ist, über Hydrostößel und eine elektronische Zündung verfügt.

FAT BOY

DAS BIKE DES TERMINATORS

Kaum ein Werbecoup für ein Motorrad gelingt besser als der Auftritt jener Fat Boy im zweiten Teil von „Terminator". Regisseur James Cameron setzt Arnold Schwarzenegger in „Tag der Abrechnung" auf das spektakuläre Bike, das seit gerade erst einem Jahr auf dem Markt ist. Auch die Fat Boy ist ein Kind von Willie G. Davidson, der, immer bestens unterrichtet über die aktuellsten Marketingstudien, ein Motorrad nach seinen Vorstellungen kreieren wollte, um es 1989 bei der Daytona Bike Week der Öffentlichkeit vorzustellen.

Dank seiner Sensibilität und der Nähe zu den Harley-Fahrern trifft Willie G. einmal mehr ins Herz der Zielgruppe: Die Fat Boy gewinnt alle Leserwahlen und schafft es mit ihren ausgewogenen Linien, ihrer zurückhaltenden Eleganz und ihrer kraftvollen Ausstrahlung, über die eingefleischten Harley-Fahrer hinaus mehr Motorradfahrer denn je anzusprechen. Der Erfolg lässt nicht auf sich warten: Aus einer kleinen Serie wird einer der Bestseller der Softail-Modellreihe.

■ Und in der Tat ist die Fat Boy eine Softail, positioniert zwischen Sportster und Electra Glide. Auch die Softail, die 1984 auf den Markt kam, war einem Geistesblitz von Willie G. Davidson (und Lou Netz) entsprungen. Sie verband die Vintage-Optik eines Starrrahmen-Choppers der 60er und 70er Jahre („hardtail") mit dem kilometerfressertauglichen Komfort einer gefederten Heckpartie. Die dazu erforderlichen beiden Federelemente verstecken sich unter dem Getriebegehäuse. Dass die Fat Boy so massiv wie aus dem Vollen geschnitzt daherkommt, liegt auch an ihren eigenwilligen Scheibenrädern anstelle solcher mit Speichen (die Willie G. ursprünglich gar nicht in Serie gehen lassen wollte), ihren parallel nach hinten verlaufenden „Shotgun"-Schalldämpfern und den gelben Streifen an den Ventildeckeln. Die bilden einen leuchtenden Kontrast zum Perlgrau der Metallic-Lackierung und betonen die skulpturale Architektur des 1340 cm³ großen V-Twins.

■ Im Jahr 2000 bekommt die Fat Boy (von Markenkennern liebevoll FLSTFB genannt) einen neuen 1450 cm³ großen Motor, und 2007 wächst der Hubraum noch einmal auf stolze 1594 cm³. Ein neu entwickeltes Sechsganggetriebe und ein neuer Auspuff helfen die Emissions-Hürden zur Zulassung nehmen. 2012 ist Fat Boy längst ein Klassiker – und bekommt noch einen Hubraum-Nachschlag auf nunmehr 1690 cm³. Eine Erfolgsgeschichte ohne Ende, diese Fat Boy … ■

1991 beschert Arnold Schwarzenegger in „Terminator 2" am Lenker der Fat Boy Harley-Davidson die beste Werbung aller Zeiten.

Die Fat Boy ist die ganz persönliche Schöpfung von Willie G. Davidson und begeistert das Publikum derart, dass eine Serienfertigung die logische Folge ist.

Technik

Motor	V-Zweizylinder, Zylinderwinkel 45 Grad, fahrtwindgekühlt
Hubraum	1340 cm³
Gemischaufbereitung	Keihin-Vergaser mit 40 mm Querschnitt
Leistung	60 PS bei 5000/min
Bremsen	je 1 Scheibenbremse vorn und hinten, Durchmesser 292 mm
Trockengewicht	294 kg
Höchstgeschwindigkeit	155 km/h

2001 kommt die V-Rod mit ihrem flüssigkeitsgekühlten Zweizylinder auf den Markt und pflegt mit ihren Anleihen aus der Welt der Dragster ihren Stil des Power-Cruisers.

V-ROD

HARLEY ZIEHT'S ZUM WASSER

Zwei Jahre vor den Feierlichkeiten zum hundertjährigen Bestehen der Marke gelingt Harley-Davidson eine Sensation mit der Vorstellung der VRSCA (wie V-Twin Racing Street Custom) V-Rod, eine Art Asphalt-Hai, ausgestattet mit einem neuen flüssigkeitsgekühlten Motor, der den Beinamen Revolution Engine verdient. Entwickelt wird er gemeinsam mit Porsche, und kein anderer Harley-Motor hatte je so viel Leistung – Einspritzung, Vierventilköpfe, zwei obenliegende Nockenwellen je Zylinder und ein System zur Dämpfung der Vibrationen sind das Rezept. Mit so viel Technik rennt die V-Rod schneller als 220 km/h. Der gänzlich neue Motor hat übrigens anstelle des sonst für Harley so charakteristischen 45-Grad-Zylinderwinkels einen von 60 Grad – wie jene flüssigkeitsgekühlte Rennmaschine namens VR 1000 (140 PS stark), die 1994 in der Superbike-Meisterschaft und bei den 200 Meilen von Daytona (ohne großen Erfolg) eingesetzt wurde.

■ **Auch der Auftritt** der V-Rod ist revolutionär. Verantwortlich für ihn zeichnet wieder einmal Willie G. Davidson, Designchef der Marke (für die er insgesamt 49 Jahre lang arbeitete), Enkel von William A. Davidson (Mitbegründer der Marke), und Sohn von William H. Davidson – und ausgerechnet er als Erbe verunsichert umgehend große Teile der sehr traditionsbewussten Anhängerschaft ganz gewaltig. Mit der beachtlichen Länge von 2,30 Metern und der tiefen Sitzposition erinnert die V-Rod spontan an einen Dragster. Die respekteinflößende Silhouette und der muskulöse Auftritt werden noch betont durch durch jede Menge gebürstetes und poliertes Aluminium. Der Tank ist übrigens gar keiner, sondern birgt den Luftfilterkasten. Der 15,2-Liter-Tank verbirgt sich unterm Fahrersitz und senkt so den Schwerpunkt, was der Handlichkeit zugutekommt.

■ **Der kraftvolle Eindruck,** der von der V-Rod ausgeht, rührt außerdem von ihrem Rahmen, der den Motor mit Stahlrohren großzügigen Durchmessers ebenso eng wie harmonisch umschließt. Die Auspuffanlage tut ein Übriges mit ihren kunstvoll geschwungenen Krümmern und den voluminösen Schalldämpfern. Die betonen den Machtanspruch dieses Power-Cruisers, der seit seiner Vorstellung 2001 in zahlreichen Modellvarianten auf den Markt gekommen ist. ■

Ein mit Porsche entwickelter Motor und das Design aus der Feder von Willie G. Davidson sind der Schlüssel zum Erfolg der V-Rod.

Dicker Motor, fette Rahmenrohre – die V-Rod gibt sich nicht kleinlich. Sie zeigt her, was sie hat, und sie macht damit ordentlich Eindruck.

Technik

Motor	V-Zweizylinder, Zylinderwinkel 60 Grad, flüssigkeitsgekühlt
Hubraum	1130 cm³
Gemischaufbereitung	Benzineinspritzung
Leistung	115 PS bei 8500/min
Bremsen	2 Scheibenbremsen vorn, 1 Scheibenbremse hinten, Durchmesser 292 mm
Trockengewicht	270 kg
Höchstgeschwindigkeit	220 km/h

V-ROD

*Sie ist niedrig, sie ist lang (2,30 m), stark (115 PS)
und schnell (220 km/h). Und mit ihrem neuen
flüssigkeitsgekühlten Zweizylinder gibt sie
Harley-Davidson am Vorabend des Hundertjährigen noch einmal richtig Schwung.*

CVO LIMITED

VERGNÜGEN IN XXL

Ihre Majestät, die CVO Limited, ist die Harley mit den meisten Superlativen: die prestigeträchtigste, die teuerste, die imposanteste, die komfortabelste, die am besten ausgestattete, die glamouröseste. Sie ist ein chromgleißendes Nonplusultra, und ihre Lackierung ist nicht weniger außergewöhnlich – typisch CVO. Das Kürzel steht für Custom Vehicle Operations und erlaubt seit 1999 Harley-Davisdon, besonders exklusive Kleinserien von Modellen aufzulegen, die dann im Werk in York/Pennsylvania gefertigt werden. Diese Modelle gibt es jeweils nur für für kurze Zeit. Kunden, die über den nötigen finanziellen Spielraum verfügen, müssen sich nun nicht mehr auf dem freien Markt einen Customizer suchen, sondern können sich ihr Motorrad direkt ab Werk à la carte zusammenstellen – ohne den Schutz der Flügel des Harley-Davidson-Wappenadlers verlassen zu müssen. Das ist ein Akt der Treue gegenüber den eingeschworenen Markenfans und garantiert gut miteinander harmonierende Zubehörteile. Überdies hat der Käufer den Vorteil, dass er die volle Werksgarantie behält und sein Motorrad beim Vertragshändler warten lassen kann.

■ Dieses serienmäßige Custom-Bike repräsentiert einen Wert von 40.000 € und ist kunstvoll herumgebaut um einen Motor wahrhaft großen Kalibers. Basis ist der Twin Cam 88, 1999 letzter Schrei aus Milwaukee, der noch mit Teilen aus dem Screaming-Eagle-Zubehörprogramm auf 1802 cm³ gebracht wurde. In den CVO-Limited-Modellen fließt alles zusammen, was das Rushmore-Projekt (eine Brainstorm-Aktion, in der Händler und Kunden über vier Jahre den Mitarbeitern von Harley Davidson ihre Vorstellungen präsentieren konnten) zutagegefördert und was die Entwicklungsabteilung aus dem Hut gezaubert haben. Da ist es nur logisch, dass CVO-Kleinserienmodelle Maßstäbe setzen in punkto Annehmlichkeit, Komfort, Fahrspaß, Fahrleistungen, Sicherheit und Funktionalität.

■ Die neue Batwing-Verkleidung schützt Fahrer und Passagier nun wirkungsvoller, die Koffer lassen sich mit einer Hand öffnen, das Motorrad kann man auch ohne Zündschlüssel starten. Der 6,5-Zoll-Touchscreen lässt sich auch mit behandschuhten Fingern bedienen und bietet alle modernen Navigationsstandards, GPS, Audio-Fernbedienung, USB-Anschluss, Bluetooth. Und die „Reflex"-Integralbremse (mit ABS) verzögert noch effektiver. Überall lassen sich Verbesserungen und Annehmlichkeiten finden, mit denen man dem Ruf der Straße um so lieber folgt, deren Königin die CVO-Limited ist. ■

Das CVO-Programm, 1999 geschaffen, ist Premium-Tuning mit offiziellem Harley-Davidson-Siegel.

Die CVO Limited verfügt über den größten Harley-Motor, den es gibt: Der Twin Cam 110 mit 1802 cm³ liefert 95 PS bei 3500/min.

Technik

Motor V-Zweizylinder, Zylinderwinkel 45 Grad, zwei untenliegende Nockenwellen, fahrtwind-/flüssigkeitsgekühlt

Hubraum 1802 cm³

Gemischaufbereitung Benzineinspritzung

Leistung 95 PS bei 3500/min

Bremsen 2 Scheibenbremsen vorn, 1 Scheibenbremse hinten, Durchmesser 320 mm

Trockengewicht ca. 400 kg

Höchstgeschwindigkeit 180 km/h

DER OLD
SCHOOL SPIRIT

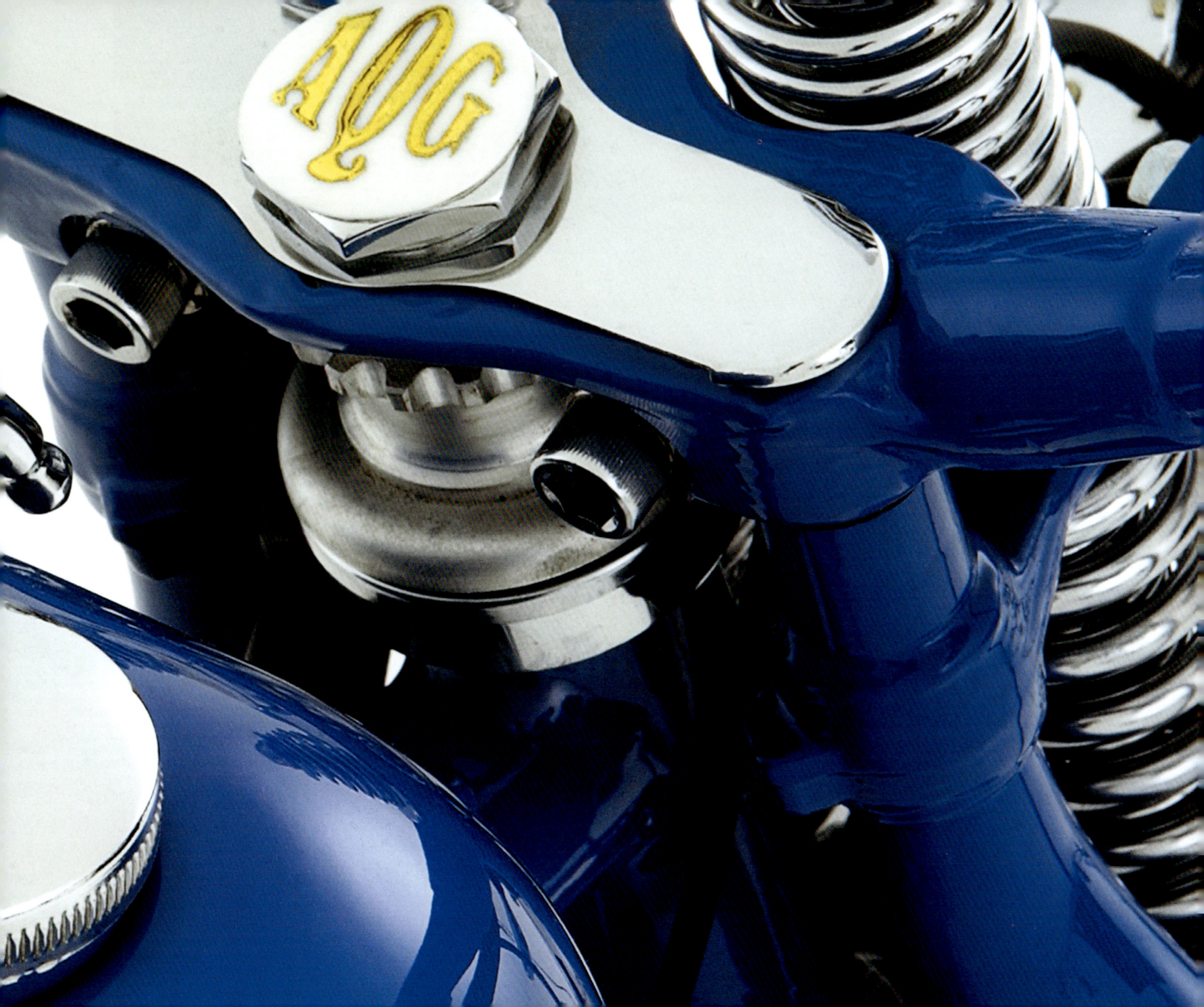

DER OLD SCHOOL SPIRIT
Auf Vintage getrimmt

▲ *Schutzblech von West Coast Choppers, Lampen-verkleidung von Rick Doss, Tank von Custom Chrome: Die Softail Heritage „California Colors" von Erik Salin macht einen harmonischen Eindruck.*

◄ *Der Bobber, den der Italiener Aldo Querio Gianetto auf Basis einer Maschine mit Ironhead-Motor gebaut hat, zelebriert das Retro-Thema mit Vergnügen und verführt so die Liebhaber des Retro-Looks wie auch die der altgedienten Technik, die noch eine Seele hat.*

Die Sehnsucht nach der guten alten Zeit macht auch vor der Motorradwelt nicht halt. Jeder Motor-radhersteller hat heute ein Motorrad oder gar mehrere Modelle mit nostalgischem Touch in seiner Palette. Ganz offensichtlich scheint den Verbrauchern die Zukunft nicht allzu verlockend. Da räkeln sie sich schon lieber in der guten alten Zeit.

■ AUF IDENTITÄTSSUCHE
Was die Marke Harley Davidson angeht, so werden die Bikes mit Vintage-Touch ja in Milwaukee in Serie gebaut,

und ihre Wurzeln reichen weit zurück: bis zum Chopper und zum Bobber. Die Chopper erblicken das Licht der Welt in den Sechzigern. Je länger die Gabel, um so besser – nur das Geschick das Fahrers setzt Grenzen. Der Bobber-Trend geht noch weiter zurück. Sein Markenzeichen ist der Ver-zicht auf alles Überflüssige – was den Fahrleistungen ja nur guttun kann. Der Ursprung beider Trends liegt in den Nachkriegsjahren. Damals hatte die US Army unzählige WLA zu Spottpreisen auf den Markt geworfen, und die eigneten sich vorzüglich als Umbau-Basis.

▲ Die Macher von Garage 69 in Italien kombinieren einen Evo-Motorblock von 1995 mit einem Rahmen von Calles Chopperdelar aus Schweden und einer Menge selbstgefertigter Teile.

▲ Ein 900-cm³-Motor in einem minimalistischen Rahmen, wie zu den Anfängen der Harley-Geschichte – das ist „La Motociclo" von Harley-Davidson Livorno.

Harmonische Linie, sorgfältige Auswahl der Teile, perfektes Finish – das ist die Sportster von Shaw Speed & Custom, eine Hommage an Steve McQueen. ▶

◼ OLD SCHOOL REIMT SICH AUF GLAMOUR

Jenseits aller Definitionen geht jeder seiner eigenen Wege, je nachdem, wie er das Thema interpretiert oder erfühlt. Der Wettbewerb zwischen den Customizern trägt dazu bei, dass die Spezies sich kontinuierlich weiterentwickelt. Inzwischen sind die Chopper in der Zivilisation angekommen und im dichten Verkehr unserer Tage, und die Fahrer beugen sich den Zulassungsvorschriften, die immer weniger Spielraum erlauben. Die Bobber sind ebenfalls bürgerlich geworden. Natürlich kommen sie noch immer etwas derb daher, zeigen sich aber immer raffinierter in der Gestaltung und beim Einsatz der verwendeten Materialien. Was als Eisenhaufen begann, flottgemacht mit allem, was herumliegt, kostet heute schon mal gut und gerne dasselbe wie eine neue Harley. Und das ist nicht wenig …

◼ EIN KULT GREIFT UM SICH

Der Geist namens Old School vereint die Vertreter der unterschiedlichen Nostalgie-Schulen. Zu Beginn, solange alle den Geist der Rebellion in sich tragen, sind die Grenzen noch klar gezogen. Doch dann entwickeln die Fantasien der Motorradbauer und die Regeln des Marktes das Genre immer weiter, die Interpretationen werden immer großzügiger – und natürlich kommerzieller. Auch wenn die echten Chopper und Bobber, bei aller Radikalisierung, eine Alternativkultur zur Konsumgesellschaft bleiben, kommen doch immer mehr und immer neue Spielformen in „light"-Version hervor, die gebaut sind für den täglichen Gebrauch. Mit dem Pioniergeist der Ursprünge haben sie nicht mehr viel gemein. Dazu kommen schräge neue Ideen aus Taiwan, aus Japan, aus Italien und aus der Schweiz. Nun, je mehr Gäste zur Party kommen, um so besser ist die Stimmung … ◼

Chopper und Bobber bilden das Rückgrat des Old School-Spirit, der sich stets neu erfindet und so immer verführerischer wird.

SOFTAIL NIGHT TRAIN SHAW SPEED & CUSTOM

NOSTALGISCHER CHIC

Seit einem Dutzend Jahren überraschen Steven Willis und die Mannschaft von Shaw Speed & Custom in Südengland immer wieder aufs Neue. Aus dem Harley-Davidson-Vertragshändler, der schon von sich reden gemacht hat, ist ein Custom-Atelier geworden, das sich internationalen Ruf erworben hat und auf locker eine Hundertschaft umgebauter Motorräder zurückblickt. Revolutionen sind weder ihre Stärke noch ihr Ziel, noch wollen sie extravagante Motorräder bauen, die eher Skulptur auf Rädern als Fahrzeug sind. Ziel ist es viel mehr, aus jedem Motorrad eine Ausnahmeerscheinung zu machen. „Und man kann sie jeden Tag fahren", fügt Steven nicht ohne Stolz hinzu. Das versteht sich nicht von selbst, heißt es doch, aus Gründen der Sicherheit wie des Fahrkomforts jede Menge Vorschriften zu beachten, angefangen beim Lenkkopfwinkel über das Auspuffgeräusch bis hin zur Sitzposition. So ist diese Softail Night Train ein greifbarer Traum geworden, der unterschiedliche Stilrichtungen zu einem großen Ganzen zusammenführt, das seine Wirkung nicht verfehlt.

■ **Shaw Speed & Custom** wagt es, den herrschenden Stil-Kodex herauszufordern und den großzügigen Einsatz von Chrom mit einer Vintage-Lackierung zu kombinieren. Ebenso verbinden sie die High-Tech-Anmutung des großen Getriebegehäuses mit aus dem Vollen gefrästen Hebeleien und einer Springer-Gabel mit außenliegenden Federn, dem Archetyp des Old School-Design. Man könnte erwarten, dass die Gegensätze sich nicht vertragen, doch tatsächlich einsteht ein harmonisches Ganzes. Der serienmäßige Softail-Rahmen täuscht einen Starrrahmen vor, und das passt perfekt zum Geist dieses funkelnden Motorrades, das den Namen „Vintage 62" trägt. Ganz im kontrastreichen Stil dieses Motorrades implantiert Shaw Speed & Custom ein 23 Zoll großes Gussrad in die Parallelogrammgabel, dessen kühnes Design von der Hinterradfelge mit 240er Reifen aufgenommen wird. Der verchromte Scheinwerfer ist weit vorne montiert und gemahnt so an die Kühlerfigur auf der langgestreckten Kühlerhaube eines Automobils vergangener Tage.

■ **Der Tank** mit perfekten Rundungen, das reduzierte Design der Auspuffanlage, der Lenker von Roland Sands Design, Minisitz auf Federn: Vintage 62 schmückt sich mit Anbauteilen vom Feinsten und hebt sich so mit seiner Originalität ab. Der Old School Spirit bleibt gewahrt, wird aber mit einem Augenzwinkern verfremdet. Und genau das macht die Persönlichkeit dieses Motorrades aus. ■

Mit ihrem subtilen Retro-Look springt die Night Train Shaw Speed & Custom von einem Genre zum anderen.

Springergabel mit großem 23-Zoll-Vorderrad, Chrom bis zum Abwinken und eine Spitzen-Lackierung: So baut man ein einzigartiges Motorrad.

Technik

Motor V-Zweizylinder, Zylinderwinkel 45 Grad, fahrtwindgekühlt	
Hubraum 1800 cm³	
Gemischaufbereitung Benzineinspritzung	
Leistung ca. 80 PS	
Bremsen je 1 Scheibenbremse vorn und hinten	
Trockengewicht 290 kg	
Höchstgeschwindigkeit 170 km/h	

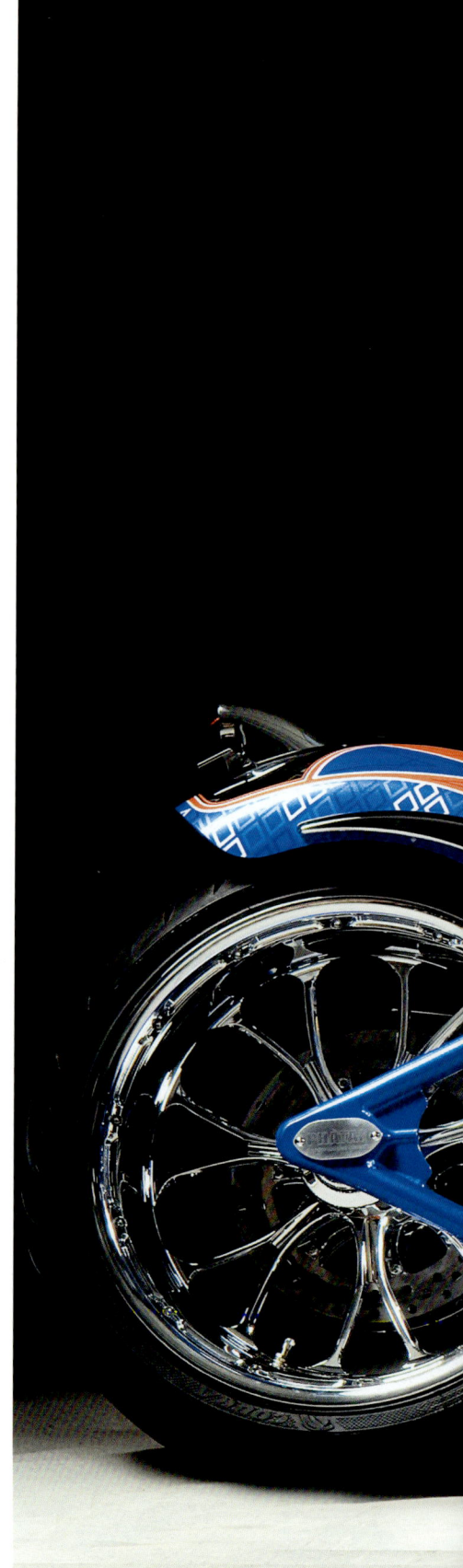

Shaw Speed & Custom baut außergewöhnliche Motorräder, die ohne Einschränkung alltagstauglich sind. Die Softail Night Train Vintage 62 ist ein gutes Beispiel dafür.

TWIN CAM 88 BAD BOYS CUSTOM CYCLES
AUF DIE ELEGANTE TOUR

Der Anblick dieses Motorrades wird bestimmt dem einen oder anderen die Sprache verschlagen. Mit ihrer Lackierung in nostalgischem Delage-Rot, das die elegante Silhouette betont, scheint die Harley-Davidson von Jean-Paul Gessler über Zeit, Stil und (erst recht) Mode zu stehen. Die Linienführung ist ebenso delikat wie nostalgisch, der Twin-Cam-Zweizylinder drückt ihr seinen Stempel auf, der Stil geht in Richtung Bobber – doch nicht zu sehr. Das ganze Werk ist ebenso chic wie diskret und vollendet geschwungen, aber kraftvoll genug, um sich in Szene zu setzen und neugierig zu machen. Diese Schmiedearbeit trägt die Handschrift von Bad Boys Custom Cycles aus Chamoson in der Schweiz. Die bösen Buben erklären das Rezept so: feiner Sinn für Ästhetik, schweizerische Präzision und Wertarbeit. Hinzufügen

ließe sich: Finish von hoher Qualität wie die goldene Beschichtung des Lampenrings, die als Flügelschraube ausgeführte Lenkkopfmutter und die des Tanks. Dazu kommen Kupferleitungen, die sich an Vergaser und Öltank entlangschlängeln. Immer geht es um feine Nuancen – dick aufgetragen wird hier nicht.

Qualität und Genauigkeit sind die Stichworte für diesen Bobber. Die Bad Boys haben Lenker, Drehzahlmesser und Mini-Dashboard ganz dicht zusammengelegt. Auch zwischen dem Endschalldämpfer und dem Hinterrad-Schutzblech, das vernietet ist und so deutlich macht, dass es sich hier um ein von Hand gebautes Einzelstück handelt, bleibt nicht viel Platz. Der Öltank unter dem Federsattel ist ebenso wohlgeschwungen wie jener und

bildet eine gelungene Harmonie mit dem Tank, der das Werk des US-Amerikaners Cole Foster von Salinas Boys Customs ist. Das von Hand aufgetragene Tankdesign ist dem Art déco entlehnt. Das hintere Speichenrad von Kustom Tech misst 16 Zoll im Durchmesser und nimmt einen 180 mm-Metzeler-Reifen auf. Auf dem 18 Zoll-Vorderrad ist ein 120er Reifen aufgezogen. Zwei große Bremsscheiben vorne und eine hinten verzögern bei Bedarf den Vorwärtsdrang dieser metallenen Skulptur.

Der HPU-Rahmen, der sogar den Segen des TÜV und damit ein Qualitätssiegel trägt, nimmt die für einen Bobber unverzichtbare Springergabel mit außenliegenden Federn auf, die Hinterradfederung ist in festen Öhlins-Händen. Der Luftfilter ist ein Modell aus dem Hause Crime Scene Choppers, Motor- und Getriebegehäuse entstammen den Ateliers von Roland Sands Design. Nicht zuviel und nicht zu wenig ... ∎

Dieser Bobber aus der Schweiz vereint die Schönheit eines Vorkriegs-Automobils mit der Technik von heute zu einem zeitlosen Stil.

Bei Bad Boys Custom Cycles pflegt man schweizerische Präzisionsarbeit und einen treffsicheren Sinn für das Schöne. Alles zusammen ist wie mit der Stimmgabel abgestimmt.

Technik

Motor	V-Zweizylinder, Zylinderwinkel 45 Grad, fahrtwindgekühlt
Hubraum	1449 cm³
Gemischaufbereitung	Vergaser S&S Super E
Leistung	ca. 70 PS
Bremsen	2 Bremsscheiben vorn, 1 hinten
Trockengewicht	ca. 280 kg
Höchstgeschwindigkeit	160 km/h

PIC: JPG/CPT
COPT: C2C
STOW: 002 LBS
STOL: 0.0 KTS
FUEL: AVGAS 3.17 USG
OIL: AERO 20-50
PRESSURE: 3.6 PSI
BUILDER: DBC
BASED AT: LSGS

TWIN CAM 88 BAD BOYS CUSTOM CYCLES

Räder von Kustom Tech, Tank von Salinas Boys Customs, Motor- und Getriebegehäuse von Roland Sands Design – hier sind die besten Macher vereint.

SOFTAIL HERITAGE CALIFORNIA COLORS

GANZ FEUER UND FLAMME

Ein Vierteljahrhundert hat Erik Salin gebraucht, um aus California Colors in Puget-sur-Argens eine Referenzadresse für ganz besonders individuelle Lackierungen zu machen. Erik hat sich von der Kustom Kulture, die zu Anfang der 50er Jahre in den USA ihren Lauf nahm, ebenso inspirieren lassen wie von den Hot Rods und der mit ihnen verbundenen Kunst, aus ganz normalen Autos leichte und radikalere Kraftwerke – in einem Wort: Rebellen – auf vier Rädern zu machen. Bisher hat er mehr als 1000 Lackierungen signiert, wobei jede von ihnen mehr als 50 Arbeitsstunden verschlang. Seine Softail zeichnet sich durch einen subtilen Mix zwischen Matt- und Seidenglanz-Lack aus, der so gleichmäßig aufgetragen ist, dass sich nicht einmal mit den Fingerspitzen Unebenheiten erfühlen lassen. Der Glanzlack wird in vielen Schichten aufgetragen, immer wieder feingeschliffen und am Ende unter Klarlack versiegelt – darin stecken viel Finesse, reichlich Erfahrung und die nicht nachlassende Lust auf Neues. Erik Salin ist immer für eine Überraschung gut.

▌ **Erik Salin** sieht in der Softail Heritage die ideale Basis, denn „sie passt sich immer den Erfordernissen an". Da er schon die Inspiration für dieses Motorrad vom 1932er Ford, der den Hot Roddern so lieb ist, bezieht, nimmt er gleich Anleihen bei diesem Genre. Das bezeugen nicht nur das Flammendesign auf dem Tank von Custom Chrome, sondern auch die Schutzbleche von West Coast Choppers und das tropfenförmige hintere Rücklicht sowie die Avon-Weißwandreifen auf Speichenrädern mit Lucifer-roten Felgenkränzen. Auch Zylinder und -köpfe sind in diesem Rot lackiert, während die Kühlrippenränder poliert sind. Im besten Hot-Rod-Stil

hat Erik Salin das Cockpit weggelassen – nur ein kleiner Digitaltacho ist links über dem hinteren Kerzenstecker angebracht. Das bedeutet freien Blick auf die Straße über den Rick-Doss-Scheinwerfer hinweg.

▌ **Das Fahrwerk** blieb auch nicht unberührt. Der Rahmen ist gestreckt und der Öltank entsprechend angepasst. Die Fußrasten wandern nach vorne. Dem Twin Cam 88 verpasst Salin einen Forcewinder-Luftfilter, um den Durchsatz zu verbessern, und durch die Ness-Auspuffanlage atmet der Motor stilgerecht aus. ∎

Erik Salin hat mehr als 1000 individuelle Lackierungen realisiert. Sein Stil orientiert sich an Kustom Kulture und an der Hot-Rod-Szene.

Auch der Forcewinder-Luftfilter kommt mit Pinstriping im Hot-Rod-Stil.

Technik

Motor	V-Zweizylinder, Zylinderwinkel 45 Grad, fahrtwindgekühlt
Hubraum	1449 cm³
Gemischaufbereitung	Einspritzung
Leistung	63 PS
Bremsen	Scheibenbremsen vorne und hinten, mit Vierkolbenzangen
Trockengewicht	316 kg
Höchstgeschwindigkeit	160 km/h

883 EVO SPORSTER H-D LIVORNO

DAS MISSING LINK

Am Anfang stand das Fahrrad. Irgendwann verpasste man ihm einen Motor, und fertig war das erste Motorrad. Bei Harley Davidson Livorno schreibt man die Geschichte auf ganz eigene Art neu und hat ein technisches Ballett um einen Starrrahmen herum inszeniert. Das ist eine schöne Hommage an Edoardo Bianchi, der 1885 die berühmte Fahrradmarke gründete. Das Motorrad ist entsprechend im legendären Himmelblau der Marke lackiert, von dem man sagt, dass es dem Blau des Himmels über Mailand nachempfunden sei. Um den Evo-Motor einer 883 herum, der mit Wiseco-Kolben auf 900 cm³ gebracht wurde und durch einen Dell'Orto-Vergaser tief einatmet, hat Harley-Davidson Livorno mit aller Finesse ein ganz außergewöhnliches kleines Kunstwerk auf die Räder gestellt. Der chromglänzende V2 ist das Herzstück, von dem wie zwei Orgelpfeifen von höllischem Klang die schlichten Auspuffrohre geradewegs nach hinten zeigen. Sie wurden ebenso in Livorno geformt wie der Tank, der mehr Skulptur als Spritfass ist, wie das hintere Schutzblech und die Fußrasten.

■ **Um sich so weit** wie möglich dem Geist des ursprünglichen Fahrrades zu nähern, spielt „La Motociclo" virtuos auf der Klaviatur der Gründertage: nahezu ungefederte Gabel (nur zwei kleine verchromte Federn gewähren spartanischen Komfort), minimalistischer Lenker mit weißen Griffen, die zur Farbe des Sattels passen, der auf verchromten Federn gelagert ist, 19-Zoll-Speichenräder mit Avon-Reifen, die nicht nur die obsolete Größe 100-19/90 aufweisen, sondern auch bar jeden Profils sind (nachdem es von Hand weggeschmirgelt wurde). Die Verzögerung des Vorderrades übernimmt eine Felgenbremse nach dem Vorbild der 1913 von Bianchi erfundenen. Im Hinterrad arbeitet immerhin eine Trommelbremse. Wer mit der Motociclo unterwegs ist, lässt besser Vorsicht walten, und die die Höchstgeschwindigkeit von 80 km/h scheint mehr als ausreichend zu sein.

■ **Die Kraftübertragung** der Motociclo ist noch eigenwilliger als alles andere: Die beiden Gänge werden über ein kluges Zusammenspiel von Riemen, Scheiben und Zahnrädern eingelegt, die Kupplung arbeitet automatisch, einen Leerlauf gibt es nicht. Das ist zumindest rudimentär und ebenfalls eine Reminiszenz an die Pioniertage. Motociclo ist kein Kilometerfresser, sondern die Einladung zu höchst individueller Fortbewegung mit der Eleganz allergrößter Einfachheit. Es sich auszudenken, war schon kühn – den Traum dann auch noch zu bauen, eine echte Herausforderung für die Maestros aus Livorno. ■

Eine mechanische Hymne auf den Ruhm von Edoardo Bianchi. Sie zu komponieren war kühn, sie zu spielen eine Herausforderung.

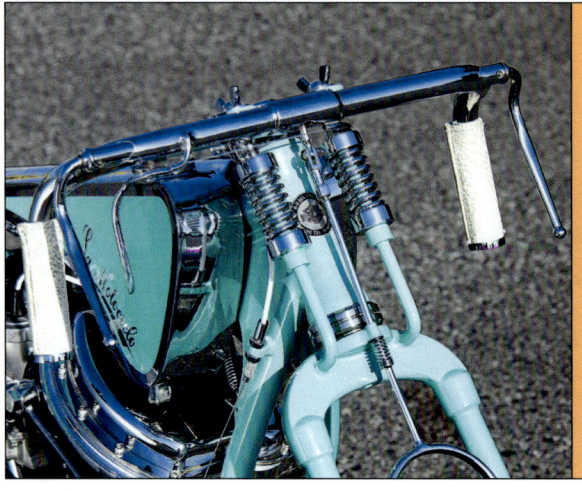

Dank radikaler Beschränkung auf das Nötigste kommt „La Motociclo" auf ein Federgewicht von weniger als 150 Kilo.

Technik

Motor	V-Zweizylinder, Typ 883, Zylinderwinkel 45 Grad, fahrtwindgekühlt
Hubraum	900 cm³
Gemischaufbereitung	Dell'Orto-Vergaser, Durchmesser 28 mm
Leistung	ca. 50 PS
Bremsen	Felgenbremse vorn, Trommelbremse hinten
Trockengewicht	ca. 140 kg
Höchstgeschwindigkeit	80 km/h

Starrrahmen, 19-Zoll-Räder, Felgenbremse vorn,
Automatikgetriebe mit zwei Gängen: „La Motociclo"
ist ein Hingucker – und das war das Ziel!

La Motociclo

Der Umbau eines Motorrads in einen Bobber ist eine Sache von Phantasie und Handwerkskunst, nicht des Geldes.

SOFTAIL BLACK WAY MOTORCYCLES

DIE REINE BOBBER-LEHRE

Sollte Bobber etwa für die Kunst der Resteverwertung stehen? Am Anfang, als nur die Fahrleistungen zählen, ist dies ganz ohne Zweifel so. Man macht das Motorrad leichter und den Motor stärker, um die Fahrleistungen zu verbessern. Das Aussehen spielt da keine Rolle, und den Hot Roddern kommt es vor allem aufs Schnellermachen mit einfachen Mitteln an. Heute ist Bobber eine Stilrichtung mit eigenem Codex, eigenen Varianten, ganz individuell nach Erbauer und Herkunftsland, und selbst wieder Moden unterworfen. Bei Black Way in Bernex in der Schweiz hat man in bester klassischer Bobber-Manier dieses Bike für einen Feuerwehrmann gebaut, was den Feuerlöscher aus Methusalems Zeiten an der Vorderseite des Rahmens erklärt. Als Basis diente dem Team eine Softail von 1999, die als erstes 16-Zoll-Speichenräder verpasst bekam, die das Aussehen entscheidend prägen. Da es sich um einen Bobber handelt, ist auch die Parallelogramm-Gabel nach Springer-Art (seit 1985 wieder im Harley-Programm) unverzichtbar. Zum Street-Lenker kommt der passende Scheinwerfer im extremen Vintage-Look. Tüpfelchen auf dem i sind die schrägen Messing-Lenkergriffe. Das Ding schreit „Old School". An die Stelle der Serieninstrumente treten Tacho und Drehzahlmesser von Motogadget, während bei den Hebeleien Kustom-Tech-Bauteile ihren großen Auftritt haben.

▮ **Der Sportster-Tank** mit seiner originellen Tankentlüftung ist ansonsten die reine Lehre: klar, simpel, fast hart in seiner lacklosen Erscheinung. Demselben Geist entspringen der karge Ledersattel, der von schlichten Sprungfedern geführt oberhalb des Öltanks montiert ist, und das minimalistische hintere Schutzblech von Easyriders (mit LED-Rücklicht von Hell Kitchen). Ebenfalls von Easyriders stammt die Auspuffanlage, deren Endrohre mit Hitzeschutzband umwickelt sind. Um ganz in der Zeit zu bleiben, darf der Kickstarter nicht fehlen. Zum Starten tritt man auf ein Pedal aus Messing. Aus dem Material ist übrigens auch der Ansaugstutzen gefertigt. Allerdings bleibt der E-Starter für den Alltagsbetrieb sicherheitshalber erhalten.

▮ **Der Motor** bleibt serienmäßig. Alle Aufmerksamkeit der Erbauer richtete sich auf die sorgfältige Auswahl und Montage der Zubehörteile, das Verlegen der Kabel, die Auswahl und das sichere Anbringen von zahlreichen kleinen Accessoires (wie dem Benzinhahn), um den Nostalgie-Touch zu unterstreichen. ■

Nackter Tank, Kickstarter, Springergabel, mit Isoband geschützte Auspuffrohre und Sprungfedersattel – das ist der Geist der Bobber.

Kickstarterpedal, Ansaugtrichter und Scheinwerfereinfassung aus Messing – das sind Details, die aus einem Motorrad ein schönes Motorrad machen.

Technik

Motor	Evo-V-Zweizylinder, Zylinderwinkel 45 Grad, fahrtwindgekühlt
Hubraum	1340 cm³
Gemischaufbereitung	Keihin-Vergaser
Leistung	ca. 60 PS
Bremsen	je eine Scheibenbremse vorne und hinten, Durchmesser 292 mm
Trockengewicht	275 kg
Höchstgeschwindigkeit	180 km/h

WARSON MOTORS ZERO ENGINEERING
VINTAGE AUF WUNSCH

Warson Motors pflegt den Sportsgeist der Jagdpiloten der Nachkriegszeit, die immer damit rechnen mussten, von den Steuerelementen ihrer anfälligen Mechanik im Stich gelassen zu werden. Für die Promotion der eigenen Marke gönnt sich Warson Motors einen Bobber aus dem Hause Zero Engineering, dem erstklassigen Atelier des Japaners Shinya Kimura, der sein Unternehmen 1992 gründete. Shinya ist der Mann hinter dem „Zero"-Stil, und dieser „Null"-Stil ist tatsächlich so reduziert wie möglich: Shinyas Markenzeichen sind Starrrahmen, ein Motor von vor 1984, eine Springergabel, Speichenräder und Bauteile aus nacktem Metall. Der Meister nennt diesen Stil „wabi-sabi". Das japanische Wort „wabi" bedeutet Einfachheit und Bescheidenheit, „sabi" ist das Gefühl, das sich angesichts der mit der Zeit gealterten Dinge und der Patina, die sie ansetzen, einstellt. Seine Einzelstücke haben Schule gemacht.

■ **Im Jahr 2002** lässt Shinya eine seiner ältesten Ideen Gestalt annehmen. Er schließt ein Abkommen mit Plot Incorporated, einem großen Anbieter auf dem Zubehörmarkt, das es ihm gestattet, fünf unterschiedliche Bobber mit Straßenzulassung und Zweijahresgarantie auf Kiel zu legen, die Plot in Kleinserie bauen soll. Diese raffinierten metallenen Kunstwerke von Zero Engineering kosten zwischen 26.000 und 36.000 Euro. Es wurden bereits mehr als 200 Maschinen verkauft.

■ **Schon ab Werk** ist Typ 5 von Zero Engineering schlicht spektakulär: Der S&S-Motor mit 1340 cm³ steckt in einem Gooseneck-Starrrahmen – der Name steht für die eigenwillige Schwanenhalsform der Rohre hinter dem Lenkkopf. Der Rahmen wird in Japan von einem Toyota-Zulieferbetrieb hergestellt, was Zweifel an der Qualität von vornherein ausräumt. Die Springergabel mit offenen Federn und der in Japan von Hand gefertigte Tank unterstreichen den Bobber-Look. Warson Motors hat seine Prise Salz dazugegeben: Speedster-Lenker, hinteres Schutzblech im britischen Design, Panhead-Ventildeckel von Xzotic Cycles, Goodson-Filter, schmaler Ultima-2-Primärtrieb, Startnummer als Batterieabdeckung, Hitzedämmband um die Auspuffrohre, Sattel aus altem Leder. Kickstarterpedal, Bremspedal, Schalthebel und Fußrasten sind aus Messing gefertigt, ebenso der Warson-Motors-Schriftzug, der per Laser ausgeschnitten und dann poliert wurde und nun den Tank aus gebürstetem Aluminium ziert. Abgerundet wird der perfekte Bobber-Look von den klassischen breiten Firestone-Reifen. ■

Zero Engineering bringt die minimalistischen Bobber im Vintage-Look, gestaltet vom japanischen Meister Shinya Kimura, unters Volk.

Echter Starrrahmen: Der Gooseneck-Rahmen führt vorn eine Springergabel. Schöne Details sind der Startnummernhalter und der Ledersattel.

Technik

Motor	S&S-V-Zweizylinder, Zylinderwinkel 45 Grad, fahrtwindgekühlt
Hubraum	1340 cm³
Gemischaufbereitung	Vergaser
Leistung	ca. 60 PS
Bremsen	Scheibenbremsen vorn und hinten
Trockengewicht	230 kg
Höchstgeschwindigkeit	170 km/h

Breiteres Hinterrad mit Schutzblech im englischen Stil, Lenker, Filtergehäuse, Ventildeckel: Die Warson-Motors-Details sind die Extrawürze für die bereits sehr anspruchsvolle Ausgangsbasis von Zero.

NUR DAS ALLERNÖTIGSTE

Keine Custom-Spielform eignet sich so sehr wie der Bobber, um den V-Twin mit 45 Grad Zylinderwinkel so wertig wie möglich in Szene zu setzen – in unserem Beispiel unterstützt durch das '85er Baujahr des Motors und den Sekundärantrieb über Kette. Seit den 30er Jahren erleichtern die Bobbertreiber traditionell ihre Motorräder durch Abbau und Weglassen von Lichtanlage, Hupe und Optik-Accessoires im Wissen darum, dass Gewicht immer auf die Fahrleistungen drückt. Da bleiben ja nur noch Rahmen, Motor, Räder und Lenker übrig! Das mag ein wenig übertrieben sein, aber genau das ist die Idee hinter dem Bobber, der in den vergangenen Jahren ein äußerst schwungvolles Comeback feiert. Es ist ein Vergnügen mitanzusehen, wie aus den unbeholfenen Tuningmaßnahmen von einst mittlerweile ein völlig eigenständiger und anspruchsvoller Stil geworden ist. Die typischen Merkmale (Speichenräder, gleich große Ballonreifen vorne und hinten, kleiner, sprunggefederter Sitz, rundlicher Benzintank, eng an den Reifen geschmiegtes kurzes hinteres Schutzblech) sind etabliert, und etliche Firmen, auch Harley selbst, kultivieren das Genre nach Kräften.

Die Schlichtheit und der wunderbare Retro-Look inspirieren zahlreiche Customizer, darunter auch den italienischen Ex-Jagdflieger Aldo Querio Gianetto, der zum Glück seinen Weg gefunden hat, außergewöhnliche Motorräder zu bauen.

Dieser Bobber, gebaut von AQG, ist eine Kreuzung mit einem anderen Genre, dem Chopper. Mit dem Rahmen, der unter dem Steuerkopf in der Form eines Schwanenhalses verläuft, was dem Motorrad seine unverwechselbare Form verleiht, nimmt er dort bereits unverhohlen Anleihen. Damit dennoch ein richtiger Bobber daraus wird, trägt er eine Parallelogramm-Gabel mit verchromten Federn und hübsch hergerichteten 16 Zoll-Speichenrädern. Die Bremsscheiben aus dem Hause Harley-Davidson beeindrucken durch ihre schiere Größe. Die weißlackierten Felgen tragen einen Rand in demselben Blau, das

auch die Springergabel ziert sowie den Rahmen und das Schutzblech über dem Hinterrad, das im AQG-Atelier von Colleretto Castelnuevo entstand. Der Meister persönlich nahm sich der Aufgabe an, den mythischen Mustang-Tank mit den zwei Einfüllstutzen passend zu machen, dessen Schlichtheit nur von seiner Eleganz übertroffen wird.

Es sind diese Details, die Motorräder mit Referenz-Status auszeichnen, die trotz ihrer Flut verchromter Schrauben, trotz des chromschimmernden Öltanks unter dem Sattel und trotz einer Auspuffanlage von bestechender Eleganz niemals angeberisch wirken. An dieser Harley-Davidson aus dem Hause AQG ist alles an seinem Platz. In diesem Gleichgewicht der Formen liegt die ganze Kunst des Bobbers. Und davon spricht auch der Slogan des Hauses AQG: „Kunst, die sich bewegt". ∎

Einen Bobber zu bauen, ist nicht so einfach. Alles eine Frage von Ausgewogenheit und Harmonie.

Mit Vergnügen am Retro-Look verbindet der Bobber von Aldo Querio Gianetto makellose Ästhetik mit ebensolcher Verarbeitung.

Technik

Motor	Ironhead-V-Zweizylinder, Zylinderwinkel 45 Grad, fahrtwindgekühlt
Hubraum	1000 cm³
Gemischaufbereitung	Serien-Vergaser
Leistung	53 PS
Bremsen	Scheibenbremsen vorne und hinten
Trockengewicht	220 kg
Höchstgeschwindigkeit	160 km/h

Zwei 16 Zoll-Räder, ein Starrrahmen, ein Ironhead-Motor, und dazu ein Gespür für Proportionen: Das sind die Zutaten eines gelungenen Bobbers.

Kaum zu glauben: Hinter Kettenantrieb, Speichenrädern, Trommelbremsen, Geländeauspuff und
reichlich Maßanfertigungen steckt immer noch
erkennbar die Sportster von 2010.

SPORTSTER SHAW SPEED & CUSTOM

STEVE-McQUEEN-STIL

Die Engländer von Shaw Speed & Custom, mit Firmensitz bei Brighton, bauen pro Monat ein neues Motorrad auf, und das spricht Bände über ihre Vorstellungskraft und ihr Innovationspotenzial. Als Hommage an den unvergessenen Steve McQueen, der ein begeisterter Motorradsammler und -fahrer war, haben Steven Willis und sein Team auf der Basis einer gebrauchten Sportster 1200, Baujahr 2010, diese Maschine aufgebaut, die kaum ihresgleichen finden dürfte. Sie erinnert zugleich an die TR 6 von 1964, mit der der Schauspieler 1964 die International Six Days Trials bestritt und an die Husqvarna-400-Crossmaschine, mit der Steve McQueen wie ein Besessener in Kalifornien seine Offroad-Fertigkeiten trainierte (Rennteilnahmen eingeschlossen).

■ **Nachdem sie** buchstäblich bis zur letzten Schraube auseinandergenommen worden wurde, hat die Sportster (deren Rahmen wie bei den alten Husqvarna-Maschinen grau lackiert ist) Speichenräder mit kurzen Speichen und Continental-Twinduro-Reifen (180er Format hinten) erhalten, die nicht bloß effizient sind, sondern auch cool aussehen. Um für alle Wege gerüstet zu sein, erhält die frischgebackene Geländemaschine ein Paar Öhlins-Federbeine der Sonderklasse und eine perfekt darauf abgestimmte solide Gabel. Auch der neue Schalldämpfer aus rostfreiem Stahl ist dem künftigen Einsatzzweck angepasst: Mit ihm verfügt das Motorrad über genügend Bodenfreiheit, ohne dass der gewünschte Vintage-Look verloren ginge. Wie es sich für Einsätze im Gelände gehört, macht der leise und saubere Zahnriemenantrieb Platz für

einen konventionellen und widerstandsfähigeren Kettenantrieb, wie er im Cross- und Endurosport gang und gäbe ist. Im Wortsinn noch eins draufgesetzt haben die Macher mit dem Tank im klassischen Husqvarna-Look.

■ **Die Bremsanlage** ist etwas ganz Besonderes und entspricht in der Auslegung der der legendären Honda-Rennmaschine von 1964 mit 250er-Sechszylinder. Vorn arbeitet eine Doppelduplex-, hinten eine Duplex-Trommelbremse. Fehlen nur noch die Startnummerntafeln mit der Startnummer 278 und die Schutzbleche aus Aluminium – beides ein leichtes Spiel für das SS&C-Team. Den Arbeitsplatz des Fahrers macht ein breiter Lenker mit Magura-Hebeleien fit für den neuen Einsatz. Luftfilter, Ketten- und die Schutzbleche für Getriebeausgangsritzel und Kupplungsgehäuse stammen aus dem Katalog von Roland Sands Design. Wie man das bei Shaw Speed & Custom nicht anders erwartet, ist die Verarbeitungsqualität überlegen, und das Finish verdient die Lobeshymnen ganz von selbst. ■

Eine Hommage an die Triumph TR6 von 1964 und die Husqvarna-400-Crossmaschine, wie Steve McQueen sie fuhr.

Shaw Speed & Custom haben sicheres Gespür bewiesen beim Umbau dieser Harley, die aus einer gebrauchten 1200 Sportster, Baujahr 2010, entstand.

Technik

Motor	V-Zweizylinder, Zylinderwinkel 45 Grad, fahrtwindgekühlt
Hubraum	1200 cm³
Gemischaufbereitung	Einspritzung
Leistung	70 PS bei 5500/min
Bremsen	Vier-Nocken-Trommelbremse vorn, Doppelnocken-Trommelbremse hinten
Trockengewicht	230 kg
Höchstgeschwindigkeit	170 km/h

SPORTSTER 1200 FORTY-EIGHT ROUGH CRAFTS

FRISCHER WIND

Das Schöne am Harley-Tuning ist, dass es sich ständig neu erfindet und seine Anregungen aus allen Teilen der Erde bezieht. Nach den erstaunlichen Choppern von Zero Engineering aus Japan und einem ganzen Gefolge unbekümmert operierender Künstler mit technischen Ambitionen (oder andersherum) in ihrem Windschatten kommt nun ein frischer Wind aus Taiwan. Winston Yeh führt diese Bewegung an, und in seinem Handgepäck trägt er selbstbewusst einen Abschluss als Designer am prestigeträchtigen Art Center College of Design im kalifornischen Pasadena, auf dem auch Willie G. Davidson sein Design-Rüstzeug erworben hat. Während seines Studiums nimmt Winston Kontakt mit Roland Sands auf, dem aufsteigenden Stern der Custom-Szene, und arbeitet mit ihm zusammen. Mehr braucht es nicht, um ihn in den Gestaltungs-prozess rund um das Thema Harley hinein-zuziehen. Winston Yeh ist Künstler und auf zahlreichen Ebenen aktiv, so auch in Straßen-kunst und in der Möbelindustrie, und mit künstlerischem Elan vermischt er den Charme der alten Schule mit dem Besten, das die Technik von heute zu bieten hat, – und lässt seiner Fantasie freien Lauf. Dieser Mann wird angetrieben von Leidenschaft, und er hat das Handwerkszeug, um über das Stadium der bloßen Vision hinauszukommen.

▌ **Seine XL 1200** Sportster Forty-Eight (der Name stammt vom „Peanut"-Tank von 1948) soll das Aushängeschild von Rough Crafts sein. Auch wenn er deswegen auf etwas Effekthascherei nicht verzichten kann, spielt Winston hier die Karte der Nüchternheit, ja sogar der Einschüchterung mit einem Auftritt in konsequentem Schwarz, das die Form noch betont. Die Rough-Crafts-Anbauteile haben alle ihren Platz gefunden: Luftfilter (der das K&N-Filterelement beibehält), Scheinwerfer, Rücklicht, Lenker, Riser, Kupplungs- und Kipphebelgehäuse, unterschiedliche Deckel-chen und Blenden, Sitzbank und Auspuff – all das entstammt Winstons Fantasie. Lenker-griffe und -hebel stammen von Performance Machine, die 16-Zoll-Räder aus dem Katalog von Roland Sands Design. Aufgezogen sind Firestone-Deluxe-Champion-Reifen in der 500er Größe, wie es sich für einen Bobber aus gutem Hause gehört. Die Scheibenbremsen sind ebenfalls ein Entwurf von Roland Sands, sie verzögern mithilfe einer Sechskolbenzange vorne und einer Vierkolbenzange hinten, beide aus dem Hause Performance Machine.

▌ **Um den Bobber-Look** zu unter-streichen, verpasst Winston Yeh der Forty-Eight einen selbst entworfenen Höcker. Zusammen mit dem tiefergelegten Tank und der leicht verkürzten Gabel verändert er den Gesamtauftritt des Motorades, das so noch aggressiver wirkt. ∎

Ein frischer Wind weht aus Taipeh. Winston Yeh erfindet den Bobber neu, und wie!

Die Handschrift von Roland Sands findet sich überall – vom Auspuff über Scheinwerfer und Luftfilter bis hin zu den Ventildeckeln.

Technik

Motor	V-Zweizylinder, Zylinderwinkel 45 Grad, fahrtwindgekühlt
Hubraum	1202 cm³
Gemischaufbereitung	Elektronische Benzineinspritzung
Leistung	75 PS bei 6000/min
Bremsen	Scheibenbremsen, vorn mit Sechs-, hinten mit Vierkolbenzange
Trockengewicht	ca. 245 kg
Höchstgeschwindigkeit	185 km/h

Die 16-Zoll-Räder, auf denen 500er Firestone Deluxe Champion aufgezogen sind, sowie die Scheibenbremsen wurden von Roland Sands gestaltet, mit dem Winston Yeh zusammenarbeitet.

DYNA STREET BOB LUPO RACING

BEL AIR FLAIR

Lupo Racing, ebenso talentierter wie fantasievoller Customizer für Autos und Motorräder aus Toulouse, ist nicht der erste, der sich vom 1957er Chevrolet Bel Air inspirieren lässt, um ein Pendant auf zwei Rädern, idealerweise mit Harley-Davidson-Motor, zu bauen. Der Amerikaner Arlen Ness, Altmeister des Customizing, hat es vorgemacht, und zwei Jahrzehnte später folgt Lupo derselben Inspiration, die von der wunderschönen und klassischen automobilen Ikone ausgeht. Doch er verfolgt seinen eigenen Weg. Auf der Basis einer Dyna Street Bob von 2008 (deren Motor Arlen-Ness-Deckel und einen OMP-Luftfilter bekommt) entsteht in vier Jahren und 3000 Arbeitsstunden „just for fun" ein Hingucker, der der Version von Arlen Ness in Nichts nachsteht.

■ **Um dieses Einzelstück** zu realisieren, muss Lupo einen Rahmen mit einer um 40 Zentimeter längeren Schwinge bauen. Der herrschaftliche hintere Kotflügel ist ein Original-Chevrolet-Ersatzteil, das Lupo noch bearbeitet: Der Franzose gestaltet den Radausschnitt neu, um den Eindruck von Harmonie zu verbessern. Der Radkasten nimmt Batterie und Regler auf, ebenso wie zwei liegend hinter dem Getriebe angeordnete Fournales-Stoßdämpfer, die Bestandteil des von Lupo gebauten hydraulischen Fahrwerks sind. Mithilfe einer Hydraulikpumpe, auf die er im Seitenständer-Mechanismus einer BMW stößt, und einer Hebelumlenkung lässt sich das Motorrad soweit absenken, dass es förmlich auf dem Asphalt klebt, und das macht sein Aussehen einfach unwiderstehlich.

■ **Der Auspuff,** der in einem kreisförmigen Bogen um das Hinterrad herumführt, bevor er in der hinteren Stoßstange mündet, ist ein weiteres Bravourstück. Er entstand in Zusammenarbeit mit der französischen Firma Tecinox, den Sammler steuert Vance & Hines bei, und der Endschalldämpfer ist ein Einzelstück aus Kohlefaser. Der vordere Scheinwerfer entsteht aus einer Vielzahl von Teilen und schließt mit der Electra-Gabel von Hawg Halter ab, der auch die Vorderradbremse und die 19- und 18-Zoll-Räder liefert. Designelemente aus der vorderen Stoßstange des 1957er Bel Air nehmen das Thema ebenso auf wie das vordere Schutzblech und der Tank. Das Meisterwerk glänzt im Farbton „Torche Red" der 1997er Corvette, der das Gesamtwerk erst so richtig zur Geltung kommen lässt. ■

Mit echten Chevy-Kotflügeln, unendlicher Geduld und viel Fleiß gelingt Lupo die Synthese aus Bel Air und Harley.

Lupo hat einen Rahmen und eine um 40 cm längere Schwinge gebaut, um das 18-Zoll-Hinterrad, die Auspuffanlage und die Fahrwerks-Hydraulik im ausladenden Kotflügel sauber unterzubringen.

Technik

Motor	Twin-Cam-V-Zweizylinder, Zylinderwinkel 45 Grad, fahrtwindgekühlt
Hubraum	1584 cm³
Gemischaufbereitung	Benzineinspritzung
Leistung	ca. 80 PS
Bremsen	1 Scheibenbremse vorn
Trockengewicht	ca. 380 kg
Höchstgeschwindigkeit	170 km/h

DYNA STREET BOB
LUPO RACING

*Der Chevrolet Bel Air von 1957 hat schon Arlen Ness für sein
„Ness-Stalgia"-Custombike inspiriert. Ohne es zu kopieren,
gelang Lupo Racing ein ebenso gelungenes Schaustück.*

SPORTSTER XLX 1000 JOOD CUSTOM CYCLES

SINN FÜRS DETAIL

Christian Giudice, ehedem Mitarbeiter von Bad Boys Custom Cycles, arbeitet nun in seiner eigenen Werkstatt unter dem Markenzeichen „Jood Custom Cycles" in der Schweiz. Programm des Hauses ist der Aufbau von Motorrädern nach Kundenwunsch, wobei das handwerkliche Geschick des Inhabers ebenso einfließt wie treffsicher ausgewählte Teile von den großen Meistern des Customizing, die Christian sich nicht scheut in seine Projekte einzubinden. Für die Bekleidungsmarke Warson Motors hat er sich, ausgehend von einer Harley Sportster XLX 1000 von 1984, an den Bau eines Bobbers mit Dyna-2000-Zündung, Super-E-Vergaser von S&S und einem Auspuff gemacht, der einen Bittwell-Sammler mit einem MCS-Endschalldämpfer kombiniert, den Jood einer ausführlichen Bearbeitung unterzieht. Das Vierganggetriebe profitiert von der Barnett-Kupplung ebenso wie die Optik von der verlängerten Schwinge mit versetzten Federbeinaufnahmen, wodurch das ganze Motorrad tiefergelegt wird. Demselben Zweck dient das flachere Anstellen der Gabel (Lenkkopfwinkel nunmehr 52 Grad) und das Kürzen der Gabel-

rohre einer 1200 Forty-Eight, die zunächst abgeschliffen und anschließend gebürstet werden. 16-Zoll-Räder (mit schwarzem Epoxy-Lack) nehmen die dicken Firestone-Zig-Zag-Reifen auf. Der Tank wurde einer Yamaha XS 650 entliehen, und geschmückt ist er mit einem lasergeschnittenen Marken-Schriftzug aus Messing – chic mit Stil.

Der verbreiterte Motorcycle-Storehouse-Lenker trägt drei Armaturen, von denen sich Öldruck, Drehzahl und Geschwindigkeit ablesen lassen. Kustom Tech steuert Griffe und Handhebel bei, Storz die Fußrastenanlage (von Jood verfeinert), Custom Chrome den Scheinwerfer. Den Sitzbankhöcker hat Jood entworfen und gebaut, außerdem hat er viel Know-How in die Adaption des Aluminium-Öltanks von Mooneyes

gesteckt. Für die Aufnahme der Batterie baute Christian eine neue Halterung, denn die alte passte natürlich nicht mehr. Das Schöne daran ist, dass solche Feinheiten nicht einmal auffallen – und genau darin besteht die Kunst des Customizers: Das Gefühl zu erwecken, dass alles genau am richtigen Platz ist.

Die Liebe zum Detail ist allgegenwärtig, wie man an der Verlegung der Ölleitungen aus eloxiertem Aluminium erkennen kann, die der Chef persönlich perfekt passend gebogen hat, oder am Gehäusedeckel des Primärtriebs auf der rechten Motorseite. Die erhabene Ausführung des Namens Warson und der Hubraumangabe übernahm eine Firma in Italien. Die Summe der feinen Details macht die Einzigartigkeit dieses technischen Kunstwerks aus. ■

Eine Sportster von 1984, die per Nostalgie-Kur dem Zeitgeist angepasst wird, das ist das Bobber-Erfolgsrezept: Nichts geht verloren.

Der Grauguss-Motor der XLX 1000 ist leicht aufgepäppelt, aber um die Leistung geht es nicht bei einem Bobber: Die Gesamtkomposition muss stimmen.

Technik

Motor	V-Zweizylinder, Zylinderwinkel 45 Grad, fahrtwindgekühlt
Hubraum	1000 cm³
Gemischaufbereitung	Super-E-Vergaser von S&S
Leistung	ca. 65 PS
Bremsen	Scheibenbremsen vorn und hinten
Trockengewicht	ca. 230 kg
Höchstgeschwindigkeit	170 km/h

Rahmen mit flacherem Lenkkopfwinkel, verlängerte Schwinge, 16-Zoll-Räder mit Firestone-Zig-Zag-Reifen sind die Grundlage für den Warson-Motors-Bobber.

Hulster 8 Valve ist ein augenzwinkernder Gruß an die Harley-Davidson-8V-Rennmaschine von 1915, mit der Harley-Davidson die Indian-Dominanz bei den Boardtrack-Rennen der 20er Jahre durchbrach.

HULSTER 8 VALVE SE SERVICE
DIE WELTMEISTERIN

Dieses Motorrad kostet etwas weniger als 70.000 € – das ist der Preis für 880 Arbeitsstunden, Material noch gar nicht mit eingerechnet. Die Hulster 8 Valve ist nicht irgendein Custombike, sondern das Weltmeistermotorrad in der Kategorie „Freestyle" von Sturgis aus dem Jahre 2007. Unter seinesgleichen als Bester der Zunft angesehen, hat Stellan Egeland von SE Service mit diesem Motorrad seine herausragende Kreativität, gepaart mit handwerklichen Geschick, unter Beweis gestellt. Auf Basis eines Knucklehead-Motors von 1943 hat Stellan Bronzezylinder gegossen und Vierventilköpfe gebaut, wie die Rudge-Motorräder sie bereits in den 30er Jahren hatten. Der Zweizylinder ist an ein Norton-Vierganggetriebe Baujahr 1939 angeflanscht. Hulster ist nicht nur die Fingerübung eines Designers, vielmehr dreht der Motor wie ein Uhrwerk. Dafür musste Stellan den elementaren Umgang mit dem Material lernen, sich in die Kunst des Gießens einarbeiten und in die komplexe Materie des Ventiltriebs eintauchen. Beachtenswert ist außerdem der offenliegende Primärtrieb, der sich fortsetzt als Kettenantrieb zum Hinterrad.

◾ Ganz im Stil der Boardtracker der 20er Jahre, von denen die Hulster ihre Inspiration bezieht, ist der Rahmen mit seinem steilen Lenkkopfwinkel von 68° auf ein striktes Minimum reduziert. Er schmiegt sich so eng wie möglich um den Zweizylinder, wobei er einen hübschen Bogen um das 23 Zoll große Vorderrad macht. Es trägt – wie das hintere – einen Mitas-Speedway-Reifen mit 2,75 Zoll Breite. Der minimalistische Starrrahmen ist das Werk Stellans, und den einzigen Anschein von Komfort erwecken der Sattel aus eigener Fertigung und die beiden kleinen Spiralfedern zwischen den Gabelrohren. Hausgemacht sind auch Lenker und Bedienelemente, die

ein subtiles Zusammenspiel von Kabeln, starren Leitungen und Hebeln, die sich uhrwerkgleich bewegen, in Szene setzen. Gebremst wird am Hinterrad über eine Trommelbremse von gleichfalls beeindruckender Mechanik. Das Vorderrad wird nicht gebremst, ganz genau so wie bei den alten Boardtrackern.

◾ Das Finish des Motorrades ist makellos, und das gilt auch für die Verzierung des Rahmens, die ein Freund Stellans, Designer Stefan Hallgren entworfen hat, und die Ray Hill umsetzte. Sie trifft genau den Retro-Stil zwischen nackter Authentizität und soignierter Eleganz – fast Hexenwerk. ◾

Rahmen, Gabel und Bedienelemente sind das Werk von Stellan Egeland himself, der auch den Motor auf Achtventil-Zylinderköpfe nach dem Rudge-Prinzip umbaute.

Mit seiner schönen Einfachheit und technischen Komplexität wird dieses Motorrad 2007 Custom-Weltmeister in der Disziplin „Freestyle".

Technik

Motor	V-Zweizylinder auf Knucklehead-Basis, Zylinderwinkel 45 Grad, fahrtwindgekühlt
Hubraum	1600 cm³
Gemischaufbereitung	2 Amal-Vergaser, Durchmesser 29,4 mm
Leistung	„ausreichend"
Bremsen	Trommelbremse im Hinterrad
Trockengewicht	ca. 130 kg
Höchstgeschwindigkeit	150 km/h

PANSTER BIG TWIN MOTORS

ITALIENISCHE VERBLÜFFUNG

Erdacht und konstruiert haben die Panster die italienischen Customizer von Big Twin Motors in Neapel, doch die Inspiration dazu stammt von den Boardtrackern, die um 1920 in den Vereinigten Staaten sehr populär waren. Damals begegneten sich die beiden Riesen der Branche, Indian und Harley-Davidson, bei ebenso spektakulären wie gefährlichen Rennen mit ungefederten und ungebremsten Motorrädern auf holzbeplankten Ovalkursen. Für die Sieger gab es fette Preisgelder, und entsprechend hart war der Wettbewerb. Der Weg zum Sieg führte über das schnellste Motorrad, also über möglichst viel Leistung bei wenig Gewicht. Leichtigkeit war Trumpf, und so wurde beim Aufbau eines Boardtrackers alles weggelassen, was nicht unbedingt erforderlich war – das erklärt noch heute Reinheit und Schlichtheit der Linienführung. Auch bei der Übertragung des alten Bauprinzips in die heutige Zeit beschränkt Big Twin Motors sich auf das Wesentliche: zwei große Gussspeichenräder mit 21 Zoll Durchmesser (beide aus dem vollen Aluminium gefräst und anschließend anodisiert), ein 883-Motor mit vergrößertem Hub und nunmehr 1200 cm³ (und dekoriert mit Panhead-Ventildeckeln zur Betonung des Vintage-Looks), Rahmen, Lenker, Gabel, und das war's!

Die Geschichte wäre zu einfach, denn so schön das Motorrad auch sein mag: ein solches Ungetüm will vor Leben bersten, Feuer spucken und deswegen mit Benzin gefüttert und mit Öl geschmiert sein. Um den Blick zu fesseln und den Motor angemessen zu bedienen, wird der Tank auf die linke Seite des Motorrades verlegt, in die Tiefen des Dreiecks, das der Rahmen bildet, der – wie sich das für einen Boardtracker gehört – natürlich ungefedert ist. Das Öl (2,5 Liter) wird gebunkert im Primärtriebgehäuse, das quasi mit doppeltem Boden ausgeführt ist, damit bloß kein Bauteil die skulpturartige Silhouette der Panster stört. Wo das Auge ruht, soll es sich erquicken.

Auch der Rahmen hat seine Raffinessen. Er ist ein Kunstwerk, und der geschwungene Bogen unterhalb des Motors fällt gleich ins Auge. Er zitiert einen Entwurf der Customizer-Legende Indian Larry, der die Lehre vom authentischen Chopper verkündete. Gebaut wird der Rahmen allerdings von den Fachleuten von Penz Custombikes, der Firma von Peter Penzenstadler, der seit 1996 im Rahmenbau aktiv ist. Das Vorderrad wird geführt von einer Springergabel, deren Holme starr sind, während das Vorderrad sich über eine eng an das Rad geschmiegte Strebe an den beiden Federn abstützt. Dies trägt zur Originalität ebenso bei wie die goldene Beschichtung der Federn, die fein harmoniert mit den Mündungsstücken der Auspuffanlage, den Stößelstangenrohren und den Blenden an den Lenkerenden. Man sieht: Es hat den Neapolitanern Spaß gemacht. ∎

> Die Neapolitaner von Big Twin Motors haben den Boardtracker-Stil aufgegriffen und interpretieren ihn technisch wie optisch gewagt.

Die Schlichtheit der Panster ist das Produkt aufwändigster Entwurfs- und Handwerksarbeit. Allein am Sattel ist zu sehen, dass jedes Bauteil aufs Sorgfältigste ausgewählt und ausgeführt wurde.

Technik

Motor	Evolution-V-Zweizylinder, Zylinderwinkel 45 Grad, fahrtwindgekühlt
Hubraum	1200 cm³
Gemischaufbereitung	S&S-Vergaser
Leistung	70 PS
Bremsen	Bremse an der hinteren Kraftübertragung
Trockengewicht	ca. 130 kg
Höchstgeschwindigkeit	150 km/h

Die Springergabel schmiegt sich eng an die Rundung des Vorderrads, und der Blick aufs obere Rahmenrohr und den Motor bleibt ungehindert, weil der Tank neben das Hinterrad wanderte.

Der herrliche Tank und das hintere Schutzblech sind von Hand aus Aluminiumblechen gedengelt – wahre Handwerkskunst!

SHOVELHEAD S&S SPECIAL PARTS SUPPLY
SHOW AND GO

Speed Demon kommt aus den Niederlanden und ist entstanden unter den Händen der Boys von Special Parts Supply. Dieses Motorrad veranschaulicht den Spirit der Maschinen aus Kalifornien, und es steht ihnen in nichts nach. Der Stil ist angesiedelt irgendwo zwischen dem der Boardtracker – diesen bis aufs Äußerste abgespeckten Motorrädern, mit denen in den ersten Jahrzehnten des vergangenen Jahrhunderts Rennfahrer einander auf holzbeplankten Ovalstrecken um Kopf und Kragen fuhren – und dem der Hot Rods, der die schiere Motorleistung feiert. Special Parts Supply flirtet mit beiden Richtungen und macht gleichzeitig alles anders. Das Ergebnis begeistert optisch wie technisch. Der Starrrahmen ist aus Rohren mit großem Querschnitt (die stabiler und weniger vibrationsempfindlich sind) gebogen. Gefertigt wird er

in Kanada bei Rolling Thunder, einer von Spencer Racine seit 1994 geführten Firma und Referenzadresse in Sachen Rahmenbau. Der Rahmen integriert auf subtile, aber optisch höchst gelungene Weise den asymmetrischen, kunstvoll aus Aluminium gedengelten Benzintank aus Aluminium, der die ungewöhnliche Silhouette der Speed Demon prägt. Das hintere Schutzblech ergänzt das Konzept. Es handelt sich um ein handgeformtes Stück Aluminiumblech, das mit Eleganz und einem der gelungensten Retro-Designs weit und breit den üppigen 260er Hinterreifen auf der 21 Zoll-Felge umschließt.

Die Gabel könnte von einem Mountain Bike stammen, kommt aber von Special Parts Supply selbst und wird geführt von einem breiten Lenker in bester Boardtracker-Optik. Das ist neu für dieses Genre und spart auch

Gewicht an der Vorderhand – wie auch die Beschränkung auf eine Bremsscheibe, die von einem Beringer-Sattel umgriffen ist. Wie am Hinterrad (für das gar keine Bremse vorgesehen ist), ist auf die Speichenfelge ein Metzeler-Reifen aufgezogen, allerdings im 120er Format. Man beachte auch den kleinen exzentrischen Scheinwerfer am linken Gabelholm, der ebenso leicht wie originell ist.

Der Motorblock von S&S (eine 1958 von George J. Smith und Stanley Stankos gegründete Firma, die eigene Motoren für die Custom-Branche entwickelt hat) zwängt sich zwischen Rahmenunterzugsrohr und Alutank. Er ist angeflanscht an ein wie aus dem Vollen geschnitztes Sechsganggetriebe und einen Primärtrieb über Duplexkette, der sich nicht scheut, die Zähne zu zeigen. Den Sekundärantrieb übernimmt ein Zahnriemen. Die Auspuffrohre unterstreichen den Eindruck entfesselter Kraft, den der Zweizylinder hervorruft, der Luft und Sprit durch einen S&S-Vergaser schlürft. Als Speed Demon 2014 bei einer Bonhams-Auktion im Grand Palais von Paris einer Käufer findet, blättert dieser 69.000 € hin. ∎

Der einzigartige Speed Demon ist so etwas wie ein Hybridwesen aus Boardtracker und Hot Rod.

Der eigenwillige Rahmen wird in Kanada von Rolling Thunder gebaut. Dank des großen Querschnitts sind die Rahmenrohre solider und weniger vibrationsanfällig.

Technik

Motor	S&S-Shovelhead-Zweizylinder, fahrtwindgekühlt
Hubraum	1525 cm^3
Gemischaufbereitung	S&S-Super-E-Vergaser
Leistung	k. A.
Bremsen	1 Scheibenbremse vorn
Trockengewicht	ca. 140 kg
Höchstgeschwindigkeit	160 km/h

RECYCLER GARAGE 69
ENTFESSELTE PHANTASIE

Meilenweit entfernt von den Kreationen der bekannten Customizer haben Alberto und Emanuele, die Inhaber der italienischen Garage 69, eine Maschine auf die Räder gestellt, für die es kein Vorbild gibt. Um Recycler – ein durchaus provozierender Name – Gestalt annehmen zu lassen, arbeiteten sie in ihrem ganz eigenen Rhythmus – zwei Jahre lang, abends wie am Wochenende, und haben dabei nur auf das Allernotwendigste vom Nachrüst- und Zubehörmarkt zurückgegriffen. Die Gründe dafür sind weniger ideologischer Natur. Vielmehr finden die beiden, dass es sehr viel zufriedener macht, ein mit eigenen Händen geschaffenes Werk zu betrachten, das am Ende ein Spiegelbild der eigenen Seele ist. Ergebnis dieser Herangehensweise ist ein untypischer Chopper mit dem Starrrahmen der schwedischen Firma Calles Chopperdelar und einer

Evolution Engine Baujahr 1995 mit 1340 cm³, Dyna-5-Zündung und S&S-Vergaser, die an einen BDL-Primärtrieb angeflanscht ist, der die Kraft an ein RevTech-Vierganggetriebe und einen Sekundärtrieb über Kette weitergibt.

■ **Die Phantasie** der beiden ist ebenso erstaunlich wie ihr Wiederverwertungsdrang, der ganz eigene Kreationen hervorbringt – etwa einen Sitz aus einer durchgeschnittenen und auf einer Feder gelagerten Bremsscheibe, ein aus zwei Pleueldeckeln zusammengefügtes Kickstarterpedal oder eine Fußrastenanlage, in der sich Original-Pankl-Titanpleuel aus einem Ferrari-Rennmotor wiederfinden. Ebenso findet man, wohl aus demselben Motiv, das Hinterradschutzblech, das einst zu einer Moto Guzzi gehörte, oder einen Mopedtank mit aus dem vollen Alu gefrästen Flügelschrauben-Tankdeckelverschluss. Dank

der Lackierung von Ricky Custom Paint verschmelzen die zahlreichen versprengten Details zu einem harmonischen Ganzen. Außerdem widmet sich Garage 69 hübschen Details, etwa den Leitungen aus Kupfer, die dem Bike einen wunderbaren Old-School-Touch verleihen.

■ **Die Springergabel** mit ihren traditionellen außenliegenden Federn dokumentiert mit ihrem nach Maß angefertigten Längslenker, der ein 21-Zoll-Rad mit 80 Speichen führt, das Geschick seiner Erbauer – wie übrigens auch die direkt am äußeren Felgenrand montierte Bremsscheibe, für die eigene Adapter zu fertigen waren. Das Hinterrad hingegen misst 16 Zoll im Durchmesser und kommt ohne Bremse aus. ■

Recycler aus Italien schwimmt mit vielen schlauen Lösungen gegen den Strom der etablierten Customizer.

Ein schwedischer Starrrahmen und eine Evolution Engine mit 1340 cm³ bilden die Basis der Recycler.

Technik

Motor	Evolution-V-Zweizylinder, Zylinderwinkel 45 Grad, fahrtwindgekühlt
Hubraum	1340 cm³
Gemischaufbereitung	S&S-Super-E-Vergaser
Leistung	ca. 70 PS
Bremsen	Felgenrand-Bremsscheibe mit Zweikolbenzange vorn
Trockengewicht	weniger als 200 kg
Höchstgeschwindigkeit	160 km/h

WENN TRÄUME GESTALT ANNEHMEN

WENN TRÄUME
GESTALT ANNEHMEN
Von Metall und harter Arbeit

▲ *2006 baute der deutsche Customizer Fred Kodlin diese Hommage an John Fitzgerald Kennedy. Die Technik ist gewagt, die Verarbeitung ganz außerordentlich.*

◄ *Die Verbindung von Aluminium (ob als gedengeltes Blech oder aus dem Vollen gefräst) und Kohlefaser gibt der Kreation von Walz Racing den Racing-Touch.*

Der einfachste Weg, den Schritt vom Traum zur Wirklichkeit zu vollziehen, ist es, die Tür des nächsten Harley-Händlers zu öffnen und eine Bestellung aufzugeben. Für manche Menschen aber ist der Traum zu leicht. Sie haben das Verlangen, ein Einzelstück zu besitzen, das ihre ureigenste Vision vom Motorrad widerspiegelt. Das ist die Stunde der Customizer, und sie bitten zur Reise in eine andere Dimension …

■ DEN WEG GEHEN

Träume Wirklichkeit werden zu lassen, ist das Ziel eines jeden Customizers. Mit heißer Luft kommt dabei keiner weit. Es gilt, einen Weg zu beschreiten, zunächst geistiger Natur, immer im Blick die Arbeit der Pioniere, deren Erfahrungen, Hunderte von Motorrädern, die der Experte schon gesehen, deren Eindruck er gespeichert hat, deren kleinste Details er wahrnimmt, um sie vielleicht zu über-

▲ Der Chopper nach Art von Marcus Walz: ein 140 PS starker V-Twin in einem Rahmen von Santee, puristisch gezeichnet und mit einem Schuss Old School.

Der Japaner Chicara Nagata, ein Goldschmied des Customizing, verschiebt die Grenzen des Traums. Drei Jahre hat er an der Verwirklichung von Art 1 gearbeitet, Custom-Weltmeistermotorrad des Jahres 2006! ▶

▲ Bodywork aus Aluminium, Räder aus Kohlefaser, Auspuffanlage aus Titan: Mit einem Rekordgewicht von 230 kg zieht die Racing Custom namens Benchmark von Walz Hardcore alle Register.

nehmen, vielleicht ganz anders zu machen. Ein neues Projekt beginnt oft mit ein paar Skizzen, hingekritzelt auf ein Blatt oder womöglich auf die Tischdecke des Lokals, wo man mit Freunden beim Essen sitzt.

Es fängt an mit einem gebrauchten Motor, der die Lust weckt, etwas Einmaliges zu bauen. Es folgt der Rahmen, in den der Zweizylinder gezwängt wird, und dann wird ein Puzzlestein nach dem anderen hinzugefügt: Öltank, Sitz, hinteres Schutzblech. Es wird versucht und verworfen: Das hat man schon gesehen – das ist zu klassisch – das könnte man machen – das machen wir ganz anders – und so weiter. Immer wieder ein neuer Anfang. Gerne wiederholt man, was schon einmal funktioniert hat. Das ist nicht schlecht, denn Fallen gibt es genug auf dem Weg. Aber das genügt nicht. Es geht darum, Neues zu schaffen – oder aus anderen Welten zu holen – etwa aus dem Automobil-Rennsport oder aus der Luftfahrt. Erst einmal nimmt das Projekt Formen an, ohne dass man sich schon endgültig festlegt. Dann geht es an die Umsetzung: Stunde

um Stunde in der Werkstatt, leicht Hunderte von Stunden, manchmal Tausende, wie im Falle des Japaners Chicara Nigata. Manchmal zum Vergnügen, manchmal dem Zwang gehorchend, immer mit Höhen und Tiefen.

◼ V-TWIN: DAS HERZSTÜCK

Ein Projekt kann einen besessen machen, einem nachts den Schlaf und tagsüber den Verstand rauben. Leicht artet es zur Sträflingsarbeit aus, da wird ein Traum zum Albtraum, noch bevor der neue Tag heraufzieht. Dann kommt die Stunde, in der die ersten Bauteile versammelt sind, die bis dato nur Ideen waren, und die nun erst einmal probe-

weise zusammengesteckt werden. Das Einzelstück ist jetzt da, alles andere ist nur noch eine Frage der Zeit, um zusammenzubauen, anzupassen, zu verfeinern – bis der Moment gekommen ist für den ersten Tritt auf den Kickstarter oder den ersten Druck auf den Anlasserknopf. Wenn die Räder sich erst einmal drehen, hat der Traum Gestalt angenommen, und er wird immer realer, wenn die ersten Meinungen geäußert sind und vielleicht die ersten Lobesreden gehalten. Das ist der Stoff, der eines Tages einmal mehr Lust macht, mit Freunden auf einer Tischdecke einen Traum zu skizzieren und rund um einen Harley-V-Twin neu anzufangen. ◼

Der Traum des Customizers – das sind Stunden harter Arbeit, um Ideen umzusetzen, die nur grobe Skizzen waren. Das geht nur dann, wenn man fest daran glaubt, es zu schaffen.

Chicara Nagata ist vor allem Designer. Er grenzt sich ab mit seiner Detailbesessenheit, für die etwa der Scheinwerfer steht, der sich eng hinters Vorderrad kauert.

ART 1 CHICARA NAGATA
DER CUSTOM-JUWELIER

Er ist Designer, Künstler und Mechaniker zugleich: Chicara Nagata baut mechanische Kunstwerke abseits des Gewöhnlichen. Dabei verwendet er Motoren der Baujahre 1936 bis 1966, die er mehr wegen ihrer Schönheit als wegen ihrer Funktion auswählt. Um diese Motoren herum baut er Teil für Teil, wie bei einem Puzzle, einmalige Motorräder. Zwischen 5000 und 7000 Arbeitsstunden braucht er, um einen Traum Wirklichkeit werden zu lassen. „Ich mache möglich, was zuvor unmöglich erschien, und ich gebe mich nie geschlagen. Das ist die Lehre, die ich aus meinen Motorrädern ziehe.", erklärt Chicara, der für seine technischen Wunderwerke mit künstlerischem Anspruch zwischen 50.000 und 300.000 Euro erzielt. Er arbeitet allein, mit nur einem Minimum von Bearbeitungsmaschinen um sich herum, und jedes einzelne der 500 Teile, die er für ein Motorrad braucht,

fertigt er selbst von Hand an. Dabei legt er unendliche Geduld an den Tag, baut ohne Plan und Zeichnung und setzt intuitiv die Ideen um, die er einer laufenden Prüfung unterzieht: „Ich lebe in diesem Design. Motorräder zu bauen, ist für mich keine Arbeit, sondern Lebenswerk." Als er 2006 Art 1 ausstellt, beschenkt er sich gleich bei seiner ersten Teilnahme mit dem Titel Custom-Weltmeister. Im Jahr darauf wird er Vizeweltmeister, hinter der Hulster 8 Valve des Schweden Stellan Egeland.

■ **Chicara** fertigt alles selbst an: den Starrrahmen (aus Metallrohren, die er selbst biegt, schleift und nach Belieben verchromen lässt), die raffinierte Parallelogramm-Gabel (die dank eines kleinen Öhlins-Stoßdämpfers perfekt funktioniert), den Scheinwerfer (der das Vorderrad ablecken zu wollen scheint),

aber auch den bemerkenswerten Tank (der den Öltank umschmiegt), den Auspuff, den Sitz, das minimalistische Hinterradschutzblech. Gleich ob Design, Metallbearbeitung oder Mechanik – Chicara hat das alles drauf. Die Umsetzung ist perfekt, die Verarbeitungsqualität außerordentlich.

■ **Am meisten** verblüfft, dass, was wie eine reine Designstudie aussieht, tatsächlich funktioniert. Art 1 bremst dank kleiner Trommelbremsen, die sich in den Radlagern der 18-Zoll-Räder verbergen, der Motor aus dem Jahr 1930 gibt seine Kraft über ein Triumph-Getriebe und eine Kette ans Hinterrad weiter. Chicara wählt nie den leichtesten Weg, sondern spielt mit der Komplexität, ganz so, als wolle er sich aus der Reichweite seiner Konkurrenten entfernen. Damit er sich seiner Kunst ganz widmen kann, arbeitet er stets nur an einer Maschine zur Zeit – die dabei für ihn keine Rolle spielt: So dauerte es drei Jahre, bis Art 1 seinen Vorstellungen entsprach. Der Weltmeister-Titel belegt, dass die Zeit gut angelegt war. ■

Chicara Nagata arbeitet zwischen 5000 und 7000 Stunden an jedem seiner Kunstwerke, die dann zwischen 50.000 und 300.000 Euro kosten.

Mit unendlicher Geduld hat Chicara in Handarbeit die 500 Teile angefertigt, die er zu Art 1 zusammenbaute, Custom-Weltmeister-Motorrad des Jahres 2006.

Technik

Motor	V-Zweizylinder, Zylinderwinkel 45 Grad, seitengesteuert
Hubraum	1200 cm³
Gemischaufbereitung	Linkert-Vergaser
Leistung	ca. 30 PS
Bremsen	Trommelbremse vorne und hinten
Trockengewicht	ca. 150 kg
Höchstgeschwindigkeit	105 km/h

WENN TRÄUME GESTALT ANNEHMEN

ART 1 CHICARA NAGATA

Chicara sucht sich einen vor 1966 gebauten Motor und baut darum ein Motorrad.
Chassis, Gabel, Tank – er macht alles, aber auch wirklich alles selbst!

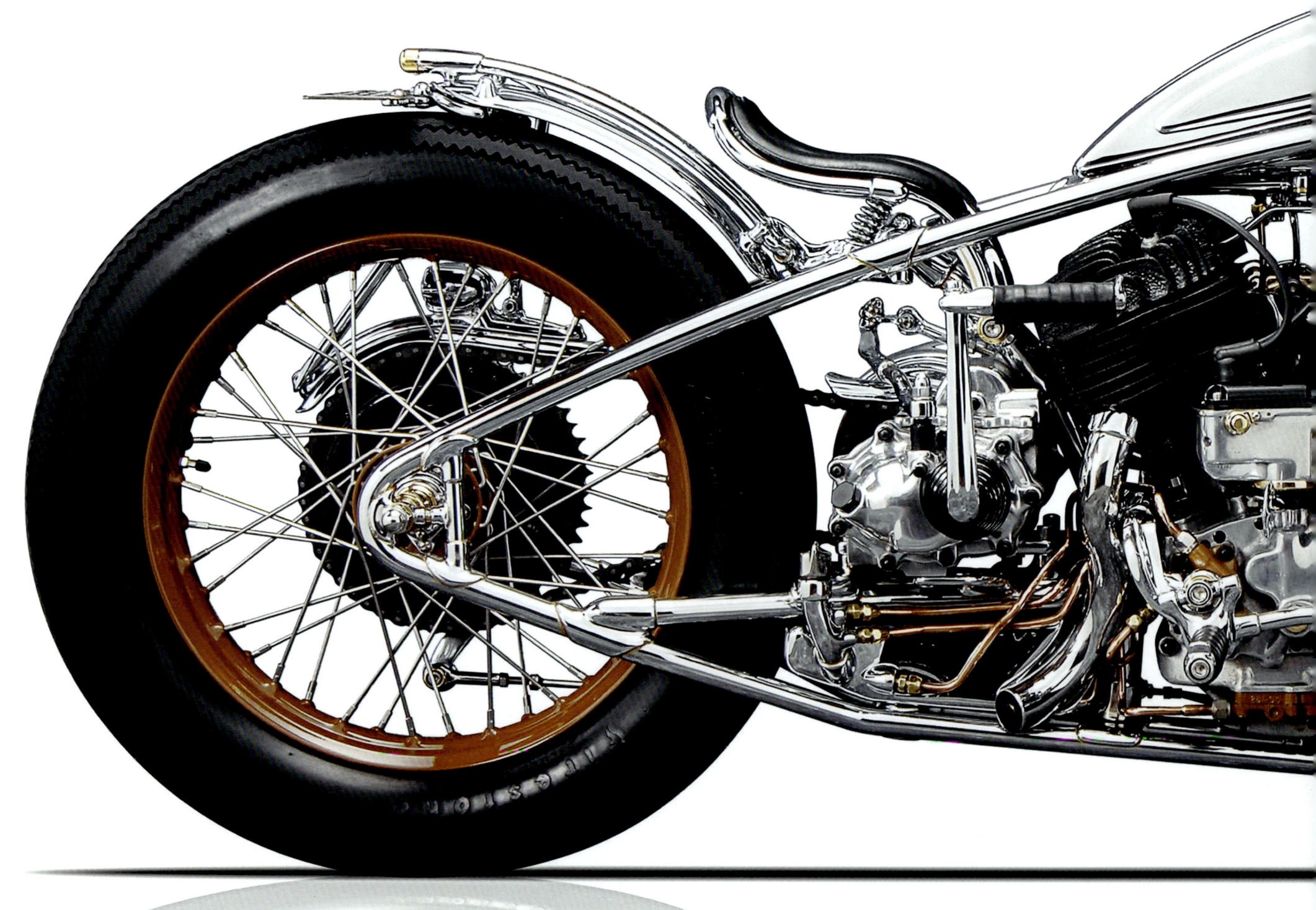

Cyril Huze hat den Rahmen verchromen lassen,
um die Schönheit der Biegungen zu betonen,
die mit der Springer-Gabel und dem Foster-Tank
perfekt harmonieren.

BOMBSHELL CYRIL HUZE
HAUTE COUTURE

Cyril Huze, von Geburt Franzose, jetzt wohnhaft in New York, verabschiedet sich 1992 aus der Welt der Werbung und wendet sich seiner Leidenschaft zu: dem Bauen von Custombikes. Er siedelt um nach Florida, nach Boca Raton, und zieht gleich alle Aufmerksamkeit auf sich, als er mit seinem eigenen Motorrad den Concours in Sturgis gewinnt. So steht Cyril Huze von Anfang an auf Augenhöhe mit den Besten der Branche. Er lässt sich Zeit, um ein Motorrad zu bauen, etwa acht Monate pro Bike. „Ich schreibe Motorradgeschichten", sagt er, „meine Inspiration beziehe ich aus der Kunst." Bevor er beginnt, ein Custombike zu bauen, befasst sich Cyril Huze, dem jedwede Improvisation zuwider ist, mit der Persönlichkeit seines Kunden – will wissen, welche Filme der sieht, welche Musik er hört, wie seine Wohnung eingerichtet ist. Sobald er sich ein Bild gemacht hat, beginnt er, an seinem Projekt zu feilen und orientiert sich am Geschmack und an den Wünschen der Kunden für seine außergewöhnlichen Motorräder. Cyril Huze arbeitet wie ein Architekt – was er tut, geht darüber hinaus, bloß ein Motorrad zu bauen. „Nicht sein Aussehen macht einen Chopper aus, sondern die Empfindungen, die er beim Betrachter auslöst", so lautet sein Plädoyer.

Cyril Huze baut Custombikes für die Sinne. „Die endgültige Raffinesse liegt in der Einfachheit, und jedes Teil muss entweder nützlich oder wunderschön sein", versichert er. Seine „Bombshell" (Bombe, aber auch Sexbombe), zelebriert die Nose Art, die Malerei auf den Motorhauben der Weltkriegs-Flugzeuge. Cyril Huze hat sich bei der Bombshell für einen starren Rahmen mit feiner Linienführung entschieden und ihn verchromt, um die Formen hervorzuheben. Dazu wählte er die Springergabel Killer Chopper Narrow Glide, die ein 21-Zoll-Vorderrad führt, das von einer Zweikolben-Bremszange von Performance Machine verzögert wird. Am Hinterrad wird gebremst mit einer HHI-Sprockster-Scheibenbremse, die direkt aufs Kettenblatt wirkt, wie es vor allem die schwedischen Chopperbauer populär gemacht haben.

Den Motorblock lässt er bei TP Engineering bearbeiten, doch Huze hat sich der Peripherie angenommen und zahlreiche Teile selbst entworfen und gefertigt: Scheinwerfer, Hinterradschutzblech mit integrierten Rücklichtern, Lenker und Riser, den Luftfilter, der perfekt passt zum Cole-Foster-Tank und zum SPS-Öltank sowie Hand- und Fußhebeleien. Dabei feilt er solange am kleinsten Detail, bis es vollkommen ist und in seinem vollen Glanz erstrahlt. Das Ergebnis ist eine Art von Hand genähter Chopper. ∎

Der Franzose Cyril Huze, jetzt in Florida ansässig, ist stets auf der Suche nach Perfektion. Seine Bikes sind zeitgenössische Kunstwerke.

Benzintank und Tankdeckel sind ebenso wie Lenker und Riser aufeinander abgestimmt. Jedes einzelne Bombshell-Bauteil ist ein außergewöhnliches Stück mit der Signatur von Cyril Huze.

Technik

Motor	Knucklehead-V-Zweizylinder von TP Engineering, Zylinderwinkel 45 Grad, fahrtwindgekühlt
Hubraum	1850 cm³
Gemischaufbereitung	S&S-Vergaser
Leistung	ca. 100 PS
Bremsen	HHI-Sprockster-Scheiben vorne und hinten
Trockengewicht	250 kg
Höchstgeschwindigkeit	180 km/h

1340 EVOLUTION SALINAS BOYS CUSTOMS

KUNST, DIE GEFÄLLT

Für Kelly, die Gattin des Künstlers Jeff Decker, hat Cole Foster diesen Bobber gebaut, der sehr wohl die Wiederauferstehung eines der Boardtracker sein könnte, wie sie in den 20er Jahren auf den holzbeplankten Ovalen im Kreise fuhren. Cole Foster ist der Sohn von Pat Foster, seines Zeichens Legende des Dragsports, wo er nicht nur einer der besten Piloten der Funny-Klasse war, sondern auch ein renommierter Konstrukteur. Wie sein Vater hat auch Cole seinen Platz gefunden in diesem Kessel, in dem es brodelt vor lauter Dragstern, Hot Rods, Muscle Cars und anderen muskelbepackten, methanolbefeuerten PS-Schleudern. Als Foster sich dem Motorrad zuwendet, ist seine Herangehensweise geprägt von dieser Leistungsgesellschaft, in der es um Gewichtsersparnis und um Wirkungsgrad geht, wo nur die Funktion die Form definiert. Eine andere Inspirationsquelle ist die Kustom Kulture, in der er seither zu den etablierten Größen gehört.

■ **Jeff Decker** hatte noch eine Evolution Engine in seinen Beständen, um die herum das Projekt dann Gestalt angenommen hat. Cole installiert den Motor in einem Santee-Rahmen, wie er von Custom Chrome vertrieben wird, modifiziert allerdings das Rahmenheck, indem er die Chrom-Molybdän-Oberzugsrohre näher zusammenrückt. Wie man es von ihm gewohnt ist, sind die Anbauteile von ihm selbst gefertigt: Lenker, Scheinwerfer, Hinterradschutzblech, Auspuffanlage – und auch das bestechende Luftfiltergehäuse, dessen Gestaltung Bände spricht über das Talent des Chefs von Salinas Boys Customs. Alle Teile haben einen eigenen Fluss, sind ebenso schlicht wie schön und mit dafür verantwortlich, dass das ganze Motorrad in seiner Anmutung einer Skulptur nahekommt.

■ **Das Streben** nach Perfektion zeigt sich auch an der 35 mm starken Sportster-Gabel, die er um 5 Zentimeter verkürzt, und erst recht am Öltank unter dem Fahrersitz, den Foster in bester Hot-Rod-Manier entworfen und bei einer Gießerei in Utah in Auftrag gegeben hat. Fürs Bremsen ist eine von Cole adaptierte Kustom-Tech-Trommelbremse im 18-Zoll-Hinterrad zuständig, das 21-Zoll-Vorderrad kommt ohne Bremse aus. Den Tank, dessen Design aus Fosters Feder stammt, steuert Custom Chrome bei. Zwischen drei und fünf Motorräder baut Foster im Jahr, und er versteht es, Talente an der richtigen Stelle einzusetzen. So entschied er sich, die Lackierung dieses sinnlichen Bobbers an den Airbrush-Star „Wild" Bill Carter zu übertragen, dem die Dragsterwelt die Lackierung einiger ihrer berühmtesten Renner verdankt, etwa „The Snake" und „The Mongoose". „Wild" Bill entschied sich für eine Kombination von Rot und Rosa, und Foster zu Kellys Ehren für den Namen „Special K". ■

Cole Foster baut Autos und Motorräder von bestechender Einfachheit, pflegt die Beschränkung aufs Wesentliche.

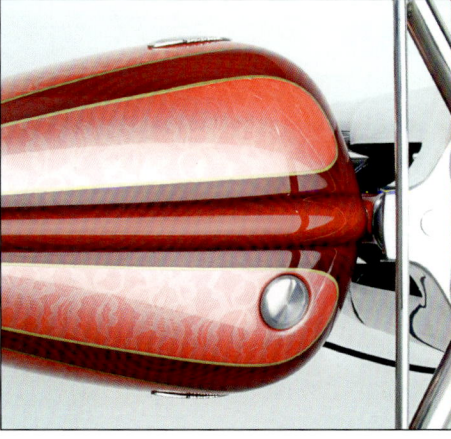

Für die Lackierung zeichnet Bill Carter, Star der Airbrush-Szene, verantwortlich. Auf sein Konto gehen auch die berühmtesten Lackierungen von Automobil-Dragstern.

Technik

Motor	Evolution-V-Zweizylinder, Zylinderwinkel 45 Grad, fahrtwindgekühlt
Hubraum	1340 cm³
Gemischaufbereitung	S&S-E-Vergaser
Leistung	ca. 70 PS
Bremsen	Kustom-Tech-Trommelbremse im Hinterrad
Trockengewicht	150 kg
Höchstgeschwindigkeit	150 km/h

Der Santee-Rahmen bekommt eine Gabel mit Blattfedern, wie sie auch die alten Indian-Motorräder hatten. Das 16-Zoll-Vorderrad wird mit einer Anlage von Hawg Halters Inc. mit Vierkolbenzange gebremst.

THE BRAVEST CYRIL HUZE

DER FREIGEIST

Markenzeichen der Schöpfungen von Cyril Huze ist ein einzigartiger Cocktail aus je einem Schuss Eleganz und Anmut, gepaart mit allen Anzeichen der sorgfältigen Arbeit eines Handwerkers, der ganz in seiner Arbeit aufgeht. „Im Customizing gibt es keine Regeln", ist der Lieblingssatz des Mannes, der eine Karriere in der Werbung gegen den Traum, Traum-Bobber zu bauen, eintauschte. Dieser Bobber, genannt „The Bravest" und gebaut, um zugunsten des Wohltätigkeitsfonds der International Association of Fire Fighters versteigert zu werden, veranschaulicht Huzes Herangehensweise. Grundgedanke ist es, einen Bobber aus der Epoche 1940 bis 1950 zu bauen und diesen mit Originalteilen eines Löschfahrzeuges dieser Zeit auszustatten: Scheinwerfer, Signalglocke, Uhr, Kühlerfigur auf dem hinteren

Schutzblech – es kommt so einiges zusammen an Augenzwinkereien an diesem Custombike, das natürlich feuerwehrrot ist, lackiert vom Maler Chris Cruz. Die üppige Verwendung von Blattgold-Dekorelementen sieht nicht nur beindruckend aus, sondern ist auch den American-LaFrance-Feuerwehrautos der Vierziger Jahre nachempfunden.

Um so nah wie möglich an diesem kühn gewählten Thema zu bleiben, entscheidet sich Cyril für einen Santee-Starrrahmen mit 58 Grad Lenkkopfwinkel, den er nach eigenen Vorstellungen weiterentwickelt. So verpasst er ihm eine ebenso eigenwillige wie seltene Spring-Leaf-Frontpartie, gebaut von Gary Schmitgen, deren Gabel wie bei den alten Indians mit Blattfeder arbeitet und ein 16-Zoll-Vorderrad von Rowe Performance

(zudem Lieferant des Hinterrades) führt. Verzögert wird vorn über eine Vierkolbenbremse von Hawg Halters Inc., hinten von einer Sprockster-Anlage, bei der das Kettenblatt als Bremsscheibe dient. Bei der Wahl der Anbauteile (etwa dem Lenker und Risern von unglaublich fließender Form) zieht Cyril alle Register und orientiert sich an Vorlagen von Rebuffini (Hebeleien), Crime Scene (unter dem Motor verbauter Öltank) oder auch West Eagle (Benzintank und Hinterradschutzblech aus Aluminiumblech).

Der Motor kommt aus den Ateliers von Accurate Engineering. Er sieht aus wie der legendäre Panhead und ist damit schon ein bisschen rebellisch, bietet aber Fahrleistungen und Zuverlässigkeit eines modernen Motors – Accurate gibt eine Garantie über 20.000 Kilometer. Cyril legt aber selbst noch einmal Hand an, etwa an der Ölpumpe und am S&S-Vergaser sowie mit zahlreichen weiteren Maßnahmen, die allein er mit meisterlichen Handschrift anzubringen versteht. ∎

Gebaut für einen wohltätigen Zweck, mit augenzwinkernder Erinnerung an die American-LaFrance-Feuerwehrautos.

Accurate Engineering hat den Zweizylinder gebaut, der aussieht wie ein Panhead, aber aktuelle Technik birgt.

Technik

Motor Accurate-Panhead-V-Zweizylinder, Zylinderwinkel 45 Grad, fahrtwindgekühlt	
Hubraum 1525 cm³	
Gemischaufbereitung S&S-Vergaser	
Leistung ca. 100 PS	
Bremsen HHI-Scheibenbremse vorn, Sprockster-Scheibenbremse hinten	
Trockengewicht 260 kg	
Höchstgeschwindigkeit 180 km/h	

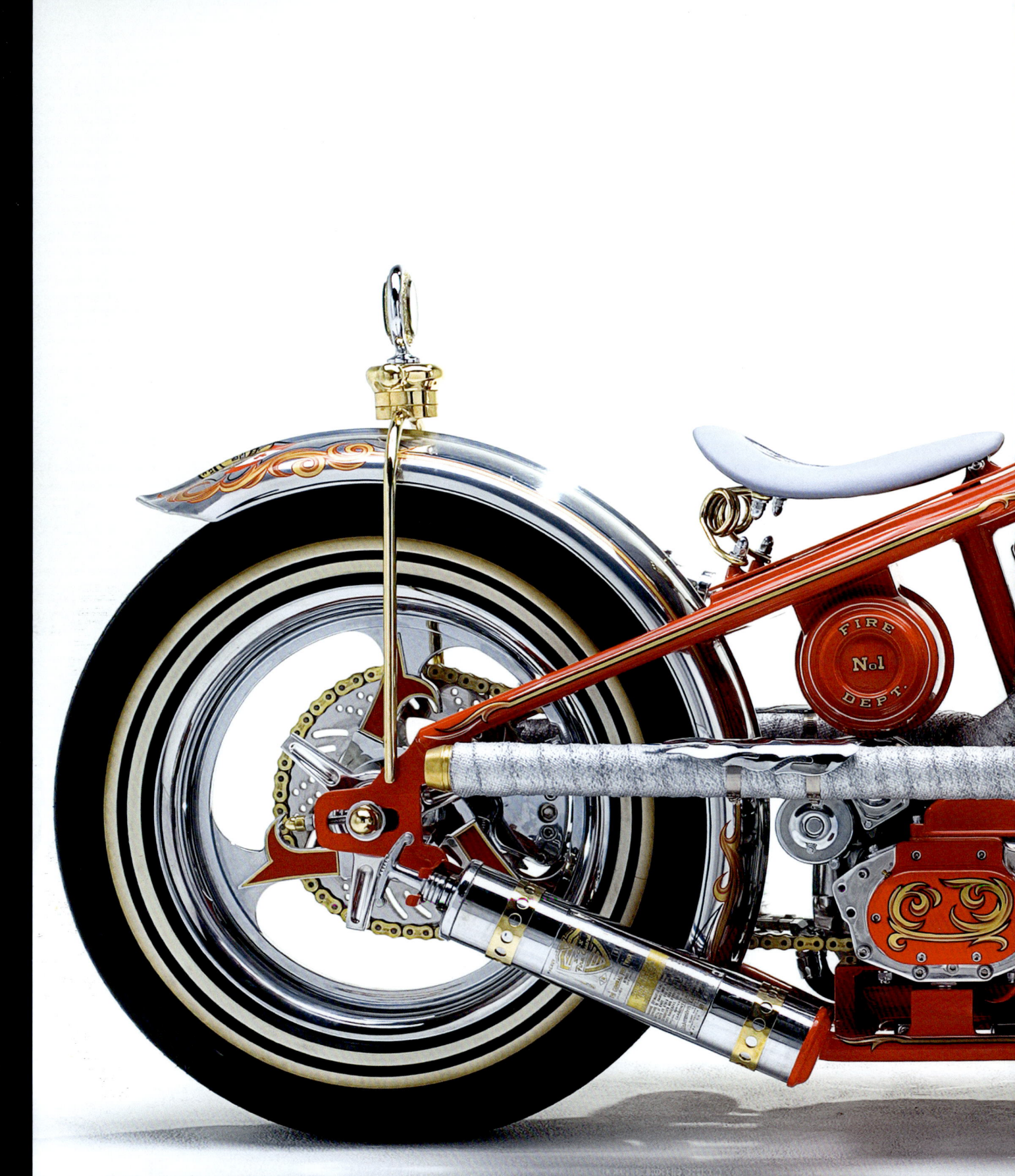

THE BRAVEST
CYRIL HUZE

Tank und Schutzblech aus Aluminium, 16-Zoll-Räder von Rowe Performance, Lackierung mit Blattgold-Dekor und Schalldämpfer mit Kupferelementen schaffen eine ganz außergewöhnliche Optik.

DAS GLÄNZENDE ANDENKEN

Vom westfälischen Borken aus überstrahlt Fred Kodlin die europäische Custom-Szene. Dazu hat er seinen Firmensitz in der Rudolf-Diesel-Straße, und vielleicht ist der Name des berühmten Motorenkonstrukteurs ja schon ein Hinweis darauf, dass hier Großes vor sich geht: Zunächst, zwischen 1986 und 1994, importiert Kodlin Jahr für Jahr 300 Harley-Davidson – mit den Motorrädern der Marke kennt er sich also bis ins Kleinste aus. Parallel konstruiert er zunächst einige Zubehörteile, bevor er 1998 seinen ersten eigenen Rahmen baut, der auf Anhieb den Segen des TÜV – und damit die Zulassungs-Weihen – erfährt. Diese lange Erfahrung als Konstrukteur erlaubt es ihm, spektakuläre Einzelstücke zu bauen. 100.000 Euro muss man dafür schon mal hinlegen, dafür erhält man ein gewagtes Design, perfekte Verarbeitung und hervorragende Fahrbarkeit auf der Straße. 2006 baut er ein Motorrad als Hommage an John Fitzgerald Kennedy, den jüngsten Präsidenten der Vereinigten Staaten, der zugleich als jüngster – 1961 im Alter von 46 Jahren – starb. Dabei übertrifft Fred sich selbst, schafft eine Skulptur aus Metall auf der Basis eines ganz außergewöhnlichen Fahrwerks.

■ Mit Zwillingsbereifung am Hinterrad, 21-Zoll-Rädern vorne und hinten und einem mittigen Kettenantrieb wagt er sich dabei technisch wie optisch vor – doch es gelingt ihm meisterhaft, die Funktion der Form folgen zu lassen: Dieses Motorrad ist nicht nur ein Schaustück, es fährt auch mit Bravour. Doch damit nicht genug der Besonderheiten: Das Vorderrad führt eine Upside-Down-Springer-Gabel, und der von Kodlin selbst entworfene Rahmen ist ebenfalls sehr außergewöhnlich mit seinem Benzintank zwischen den Rahmenrohren und einer Fußkupplung, die gut zum Zweizylinder von Accurate Engineering und dem Baker-Sechsganggetriebe passt. Am Lenker sind kein einziges Kabel und kein Bowdenzug sichtbar, damit der Fahrerplatz so aufgeräumt wie möglich bleibt.

■ Das Andenken an Kennedy treibt Kodlin so weit, dass er 50-Cent-Münzen mit dem Konterfei des berühmten Präsidenten verstreut über das ganze Motorrad anbringt: sechs an jedem Rad, aber auch auf Öltank, Getriebegehäuse und Motorblock, letztere verchromt – der Phantasie des Customizers scheinen keine Grenzen gesetzt. Lackierung und Oberflächenbehandlung sind perfekt bis zum Exzess, was den Eindruck von Besonderheit noch verstärkt, ohne dabei ins Angeberische zu verfallen. ■

Fred Kodlin zollt dem Andenken an John F. Kennedy Tribut mit einem Custombike von außerordentlicher Kühnheit und Qualität.

Die Oberflächenbehandlung zeugt von Können und Raffinesse, ohne angeberisch zu wirken. Mit diesem Custombike schafft Fred Kodlin ein Meisterwerk seiner Zunft.

Technik

Motor Accurate-V-Zweizylinder, Zylinderwinkel 45 Grad, fahrtwindgekühlt

Hubraum 1687 cm³

Gemischaufbereitung S&S-E-Vergaser

Leistung ca. 100 PS

Bremsen Scheibenbremse am Vorderrad

Trockengewicht ca. 260 kg

Höchstgeschwindigkeit 180 km/h

Das 21-Zoll-Zwillings-Hinterrad mit mittigem Kettenantrieb ist das Bravourstück der JFK. Auch der Springer-Gabel, gebaut nach dem Upside-Down-Prinzip, mangelt es nicht an Originalität.

DER KULT DER VORFAHREN

Mit RIP (Rest in Peace) zollt Fred Duban den Pionieren der Kustom Kulture aus den 50er und 60er Jahren seinen Tribut: Ed „Big Daddy" Roth, Schöpfer der berühmten Ikone „Rat Fink", oder Kenny Howard, bekannter unter seinem Pseudonym Von Dutch – um nur die berühmtesten zu nennen. Diese künstlerisch veranlagten Maler, Mechaniker und Designer haben ihren eigenen Stil wie eine Lebensphilosophie geschaffen, aus denen die Jünger der Szene grenzenlos Inspiration schöpfen können. Nonkonformisten, die sie waren, hätte ihnen dieses gelungene Custombike sicher gefallen, das jene Eigenart des Customizing verkörpert, bei der man sich dadurch abhebt, dass man seiner Phantasie freien Lauf lässt.

■ **Auf Basis** einer Harley-Davidson 1200 Sportster hat Dub Performance einen sehr

originellen Rahmen im reinsten Hot-Rod-Stil gebaut, der an seiner Unterseite, vor dem Motor, einen Moon-Öltank aus Aluminium aufnimmt, der eigens an diese Skulptur angepasst werden musste. Mit Felgen von Performance Machine, 21 Zoll vorne und 18 Zoll hinten, verfehlt dieses Motorrad seine Wirkung nicht. Der Vorderbau ist nicht nur einmalig, sondern trägt auch zu den guten Fahreigenschaften bei: Die Gabel stammt von einer Kawasaki Z 1000, die Brücken hat Dub Performance bearbeitet. An der Hinterhand hingegen, mit Starrrahmen und blechernem Sitz, hat der Konstrukteur offenbar nicht so viele Gedanken an den Komfort verschwendet ... Auch der Tank, den die Kühlerfigur eines 1952er Pontiac schmückt, wurde von Dub Performance gebaut. Die beiden Tankdeckel nehmen das Motiv der Gabelbrücken auf, was nicht nur originell ist, sondern auch

perfekt zum Geist der Kustom Kulture passt.

■ **Ganz dem Spirit** von Old School entspricht auch, dass Fred Duban seiner Maschine eine Kustom-Tech-Fußkupplung auf den Weg gegeben hat, die auf der linken Seite untergebracht ist und den Lenker um eine Funktion entlastet, so dass dem Fahrer ein herrlich aufgeräumter Arbeitsplatz zur Verfügung steht. Die von Jo Paint vorgenommene Lackierung unterstreicht nur die Persönlichkeit dieser motorgetrieben rollenden Skulptur, der es nicht an Glanz fehlt – denn die Polierer haben ganze Arbeit geleistet. Zusätzlich zu den 8000 Euro für das gebrauchte Motorrad, das am Anfang stand, hat Dub Performance für weitere 20.0000 Euro aus einer ganz gewöhnlichen Harley-Davidson ein Traummotorrad gemacht. ■

Fred Duban feiert die Pioniere der Kustom Kulture mit einem Custombike, das sein feuriges Temperament nicht verbirgt.

Dub Performance hat einen originellen Rahmen gebaut und diesen mit einem Tank versehen, den die Kühlerfigur eines 1952er Pontiac schmückt.

Technik

Motor	V-Zweizylinder, Zylinderwinkel 45 Grad, fahrtwindgekühlt
Hubraum	1200 cm³
Gemischaufbereitung	Mikuni-Vergaser
Leistung	80 PS
Bremsen	Scheibenbremse mit Beringer-Bremszange vorn, Scheibenbremse mit Performance-Machine-Bremszange hinten
Trockengewicht	265 kg
Höchstgeschwindigkeit	180 km/h

Ihre starke Ausstrahlung bezieht diese Maschine aus den Performance-Machine-Felgen (21 Zoll vorne und 18 Zoll hinten), Kettenantrieb und einer aufregenden Lackierung von Jo Paint.

SPORTSTER DUB PERFORMANCE

Moon-Öltank unter dem Motor und Fußkupplung lassen diese Sportster ihren Hot Rod-Spirit mit dem des T-Modells, angetrieben von einem fetten V8, teilen.

XR 1200 TT SHAW SPEED & CUSTOM

PUZZLE AUS DER VERGANGENHEIT

An Ideen dafür, die immer nach Neuigkeiten lechzende Kundschaft zu überraschen, herrscht unter den Briten bei Shaw Speed & Custom nie Mangel. Ihre XR 1200 TT ist eine Hommage an die XRTT – die von der Dirttrack-Maschine XR 750 abgeleitete Harley-Renn-Ikone schlechthin – sowie an Cal Rayborn, den strahlendsten Rennfahrer der Marke. Mit elf AMA-National-Meisterschaften (davon zehn auf der Rundstrecke) und zwei Siegen (1968 und 1969) bei den 200 Meilen von Daytona (wo er als erster die 100-Meilen-Schallmauer (ein Schnitt von 160,93 km/h) knackte, festigte Rayborn seinen Ruf als einer der besten US-Racer schlechthin. Er starb mit nur 33 Jahren und blieb sein ganzes Rennfahrerleben Harley-Davidson treu. Dick O'Brien, Leiter der Harley-Rennabteilung, ist noch heute des Lobes voll: „Neben Mike Hailwood war er der beste Rennfahrer, den ich je gesehen habe." Rayborn fuhr aber nicht nur Siege und Titel ein – er kreierte auch einen avantgardistischen Fahrstil, der besonders schnell in schnellen Kurvenfolgen war. Der Stil machte Schule und in den 70er und 80er Jahren einige US-Rennfahrer besonders schnell.

■ **Mit der Wahl** einer 1200 Sportster als Ausgangsbasis spart Shaw Speed bereits einige Kilos ein. Nächster Schritt ist die Montage einer Streamliner-Verkleidung – auch dies ein Augenzwinkern in Richtung Cal Rayborn. Der fuhr am Lenker einer Streamliner 1970 auf dem Salzsee 433 km/h schnell. Schmuckstücke sind die beiden Mündungen der kunstvoll bei Shaw Speed & Custom abgestimmten Akrapovic-Auspuffanlage im Verkleidungskiel – Leihgabe eines BMW X6. Die Federelemente liefert Öhlins, die Bremsscheiben RSD Morris, Brembo die Zangen. 17-Zoll-Dymag-Felgen tragen Michelin-Power-Sport-Reifen in den Abmessungen 120-70 vorne und 190-55 hinten.

■ **Gut zwanzig PS mehr** stemmt der Motor dank guter Abstimmungs an Mapping und Auspuffanlage. Aufgrund der guten Aerodynamik erzielt die XR 1200 TT eine Höchstgeschwindigkeit von 225km/h, was deutlich über dem Serienwert liegt. Der Hinterradantrieb per Zahnriemen macht einem Kettenantrieb Platz. Fehlt nur noch die Lackierung in den Harley-Werksrennfarben, und schon stehen 56.000 Euro auf der Rechnung. ■

Shaw Speed & Custom lässt die Legende Cal Rayborn, strahlendster Harley-Rennfahrer aller Zeiten, wieder auferstehen.

Ein Drehzahlmesser als einziges Instrument reicht für den Ritt auf der XR 1200 TT – 225 km/h schnell dank des auf 100 PS gebrachten Zweizylinders und verbesserter Aerodynamik.

Technik

Motor	V-Zweizylinder, Zylinderwinkel 45 Grad, fahrtwindgekühlt
Hubraum	1202 cm³
Gemischaufbereitung	Einspritzung
Leistung	100 PS
Bremsen	RSD-Morris-Bremsscheiben mit Brembo-Bremssattel vorn und hinten
Trockengewicht	235 kg
Höchstgeschwindigkeit	225 km/h

Öhlins-Federelemente, Brembo-Bremszangen,
Auspuffanlage aus Akrapovic- und BMW-X6-
Bauteilen, Streamliner-Verkleidung:
Shaw Speed & Custom wagt … und gewinnt!

BENCHMARK WALZ HARDCORE CYCLES
CUSTOM RACING

Marcus Walz neigt nicht zu Selbstzweifeln. In aller Bescheidenheit nennt er dieses wahrhaft eindrucksvolle Motorrad „Benchmark", was soviel bedeutet wie „Referenzpunkt" oder „Messlatte". Der Deutsche bezieht seine Inspiration aus dem Rennsport – sowohl aus den Rennautos der 70er Jahre à la Ford GT40, Lola T70 und Porsche 917 als auch von den aktuellen MotoGP-Maschinen. Seine Motorräder erregen Aufsehen, und Markus schreibt entsprechende Rechnungen: Die Benchmark in der einfachsten Ausführung kostete 125.000 Euro. Je nach gewünschter Ausstattung kommt einiges mehr zusammen. Dass Marcus Anleihen macht bei den MotoGP-Fahrwerken, Titan in hohen Dosierungen verwendet und Motoren tunt, bis sie Pulverfässern ähneln, hat seinen Sinn. Die Testfahrten unternimmt er entweder auf dem Hockenheimring in unmittelbarer Nähe seiner Firma oder auf dem Nürburgring. Dort prüft er, ob ein Motorrad seinen Anforderungen gerecht wird: dass es funktioniert, und dass es schnell ist.

Der Rahmen der Benchmark ist eine Maßanfertigung, das Hinterrad wird geführt von einer Einarmschwinge. Die Silhouette ist rassig und gedrungen, ähnlich der eines Dragsters, ganz wie Marcus es mag. Federung und Dämpfung des Vorderrads sind Job einer in alle Richtungen einstellbaren Öhlins-Gabel in Top-Ausführung, an der Hinterhand erlaubt ein Air-Ride-System, die Höhe des Hecks einzustellen. Sitz und Hinterradschutzblech bestehen aus einem einzigen Bauteil aus Aluminium, der Öltank findet seinen Platz in einem Formteil unterhalb des Motors und harmoniert vortrefflich mit dem zweiteiligen Benzintank – einem Meisterstück aus Aluminium. Originell sind auch die winzige Lenkerverkleidung und die Öltank-Attrappe, die nun die Bordelektronik verbirgt. Wo auch immer man hinblickt – überall gibt es Teile aus Aluminium. So eine starke Verwandtschaft mit dem Rennsport findet man selten an einem Custombike.

Neben Aluminium ist Kohlefaser Walz' bevorzugter Werkstoff – gelobt sei, was leicht macht und die Fahrleistungen verbessert! Aus dem teuren Kohlenstoff bestehen nicht nur Ventildeckel, Vorderradschutzblech und der eine oder andere weitere Deckel, sondern auch die 17-Zoll-Räder, die die südafrikanische Firma BST beisteuert und die besohlt sind mit einem 120er-Reifen vorne und einem 200er hinten. Auch die Bremsscheiben bestehen aus Kohlefasermaterial und arbeiten vorn im Verbund mit Brembo-Zangen. Die Akrapovic-Auspuffanlage besteht aus Titan, das nicht nur leicht ist, sondern auch robust und rostfrei. Marcus Walz mag es, wenn man seine Motorräder auf den ersten Blick erkennt. Sein Ziel ist es, das Custombike für das 21. Jahrhundert zu bauen. Mit Benchmark jedenfalls hat er dieses Ziel erreicht. ∎

Schön, schnell, aufregend – an der Benchmark müssen andere sich messen lassen.

Um das Rekordgewicht von 230 kg zu erzielen, bekommt die Benchmark Felgen, Bremsscheiben und weitere Teile aus Kohlefaser, eine Titan-Auspuffanlage und eine Einarmschwinge zum Walz-Hardcore-Rahmen.

Technik

Motor	Twin-Cam-V-Zweizylinder, Zylinderwinkel 45 Grad, fahrtwindgekühlt
Hubraum	1584 cm³
Gemischaufbereitung	Einspritzung
Leistung	ca. 70 PS
Bremsen	2 Kohlefaser-Scheiben mit radial verschraubtem Brembo-Sattel vorne, 1 Scheibenbremse hinten
Trockengewicht	230 kg
Höchstgeschwindigkeit	180 km/h

AUFS MINIMUM REDUZIERT

Mögen manche Customizer sich auch eine erbitterte Schlacht liefern, wer mehr zu bieten hat – mehr Chrom, mehr Zubehör, mehr PS –, so gibt es auch eine Gegenbewegung: die Kunst des Weglassens. Ein Paradebeispiel ist Freeway, die unglaubliche Schöpfung des unglaublich umtriebigen italienischen Custombauers Aldo Querio Gianetto, Inhaber und Namensgeber von AQG. Aldo ist Meister der Kunst, sich auf das Nötigste zu beschränken. Auch diese Kunst will gelernt sein, sie benötigt Fingerspitzengefühl und Erfahrung, denn die Form muss zur Funktion passen. Ein Custombike ohne Vorderradbremse mag ja gefallen, aber bremsen können muss man dennoch. Ein anderes Merkmal von AQG ist es, dass die Preise nicht mit dem Hinweis auf die Einzigartigkeit davongaloppieren. Der Kunde erhält immer die Möglichkeit, im Rahmen zu bleiben.

■ **Das Bestechende** an der Freeway ist ihr minimalistischer Rahmen in der Art eines Fahrradrahmens, bei dem die Unterzugskonstruktion massiver und mit voluminöseren Rohren ausgeführt ist – immerhin muss sie ja den S&S-Motorblock tragen. Der obere Teil ist in einem einzigen eleganten Schwung gezeichnet. Ober- und Unterzüge verbinden sich nicht einmal zu einer geschlossen Schleife, wie es gemeinhin im Rahmenbau ja elementar ist. Einen solchen Rahmen zu bauen, ist schon ziemlich gewagt, oder? Was für ein Fahrverhalten kann man denn wohl von diesem Motorrad erwarten? Skeptischen Gemütern sei entgegnet: Dem Motor kommt tragende Funktion zu, und außerdem ist das Motorrad ja nicht zum Kilometerfressen geboren, sondern dazu, sich mit ihm zu zeigen – wobei die Grundfunktionen natürlich gewährt bleiben müssen. Die Reichweite gibt schon der Sechs-Liter-Tank vor, und er sagt auch einiges über den ästhetischen Anspruch aus: Wie der Kühler eines Bugatti ist er geformt, und sein Stutzen ist ebenso vergoldet wie die Mündungen der beiden schlichten, aber großvolumigen Auspuffkrümmer. Das Motoröl ist im unteren der beiden Rahmenoberzugrohre gebunkert, die einzige Bremse verbirgt sich in der Nabe des Hinterrades.

■ **Bewundernswert schön** ist das aus Alublech geformte Hinterradschutzblech geraten, das sich über ein 18-Zoll-Hinterrad mit einem 250er Avon wölbt. Auch Luftfilter, Scheinwerfer und der Oberbau der Springergabel (mit 21-Zoll-Vorderrad) entstammen dem AQG-Atelier. Wild Hog hat den Sitz gefertigt, Kustom Tech die Bedienelemente geliefert. Die Fußkupplung ist über den Schalthebel direkt mit dem Getriebe verbunden, entsprechend frei von Zügen und Kabeln ist der Apehanger-Lenker. ■

Ein steifer Rahmen, der sich nicht einmal zu einer Schleife schließt: Das mag verrückt sein, ästhetisch ist es ein Knüller.

Die Beschränkung aufs Minimum – diese Botschaft verkündet die Freeway des Italieners Aldo Querio Gianetto, Fachmann in Sachen Weglassen.

Technik

Motor	S&S Shovelhead
Hubraum	1523 cm³
Gemischaufbereitung	S&S Super-E-Vergaser
Leistung	ca. 70 PS
Bremsen	Trommelbremse hinten
Trockengewicht	ca. 200 kg
Höchstgeschwindigkeit	150 km/h

SHOVELHEAD AQG

*Starrrahmen, Springergabel, Bremse in der hinteren Nabe:
Es bedarf nicht nur einiger Phantasie, sondern auch einiger
Kühnheit, um ein solches Custombike zu entwerfen.*

LITTLE BASTARD WALZ HARDCORE CYCLES
REBELL IN VIELERLEI HINSICHT

Der US-Schauspieler James Dean kam 1955 bei einem Autounfall in der Nähe von Salinas ums Leben. Dean war vernarrt in Sportwagen, und als er von der Straße abkam, fuhr er einen von 90 je gebauten Porsche 550 Spyder. Seinen Autos gab er immer Spitznamen, und so hieß der Porsche „Little Bastard". Marcus Walz zollt James Dean seinen Tribut und benennt sein Custombike nach dem silber-roten Porsche 550. Das ist der Stoff, mit dem man eine renommierte Kundschaft verführt (Brad Pitt, George Clooney, Larry Page, Kimi Räikkönen, Sebastian Vettel …), bei der man davon ausgehen kann, dass sie das nötige Kleingeld für eines der Spitzenmodelle des Hauses Walz Hardcore Cycles erübrigen konnte.

Marcus Walz wird nicht müde zu betonen, dass es an seinen Motorrädern nichts Überflüssiges gibt. „Weniger ist mehr", lautet sein Credo. Das bedeutet auch, dass jedes Teil eine Funktion haben muss, dass es mechanische mit ästhetischen Qualitäten verbindet. Bei einem Chopper, der bereits von Haus aus minimalistisch ist, heisst das auch, dass man ein Gewicht von nicht mehr als 210 Kilo erwarten darf. Wenn dann noch der Rev-Tech-Motor mit zwei Litern Hubraum 140 PS abliefert, dann ist das schon ein Leistungsgewicht zum Bäumeausreißen. Um dieses Vollblut bändigen zu können, steckt der Motor in einem Santee-Rahmen von ausgezeichnetem Ruf. Die Konstruktion ist kompromisslos: Der Starrrahmen ist, wie es sich für ein solches

Motorrad gehört, modifiziert, das 21-Zoll-Vorderrad wird geführt von einer Gabel mit massiven Brücken, RevTech-Standrohren und am unteren Ende bleistiftspitz auslaufenden Gleitrohren. Die Beschränkung auf das Nötigste gilt auch für die Bremsen und den geraden Lenker ohne Kupplungshebel. Zum Kuppeln kommt der linke Fuß zum Einsatz, zum Schalten die linke Hand an einem eindrucksvollen Hebel. Diese Form der Kupplung trägt übrigens den Beinamen „Selbstmord-Kupplung", denn es ist nicht ungefährlich, sie beim Fahren zu bedienen. Doch das steigert ja nur den Reiz dieser unzeitgemäßen Technik.

Der kleine Bastard steht auf Speichenrädern, vorne mit 21 Zoll Durchmesser und schmalem 80er Reifen, hinten auf einem 200er Pneu auf einer 17-Zoll-Felge, und er zeigt zahlreiche selbstgefertigten Bauteile wie den raffinierten Tank und die nicht weniger ausdrucksstarken Auspuffkrümmer in bester Flugzeugmanier, über denen ein mächtiger Luftfilter und ein Öltank thronen, beides gleichermaßen frisch aus der Walz-Werkstatt geliefert. ∎

> Marcus Walz gestaltet einen Chopper mit Fußkupplung und einem kraftstrotzenden RevTech-Motor, mit dem sich der Asphalt pflügen lässt.

Der Santee-Rahmen, nicht gerade ein Schnäppchen, bekommt einen tollen Tank und einen nach Chopper-Art von Kabeln und Zügen befreiten Lenker.

Technik

Motor	RevTech-V-Zweizylinder, Zylinderwinkel 45 Grad, fahrtwindgekühlt
Hubraum	2100 cm³
Gemischaufbereitung	Mikuni-Vergaser
Leistung	140 PS
Bremsen	Walz Hardcore Cycles vorn und hinten
Trockengewicht	210 kg
Höchstgeschwindigkeit	180 km/h

DER HIGHTECH-TOUCH

DER HIGHTECH-TOUCH
Phantasie ohne Grenzen

▲ *Rahmen im Dragsterdesign von HPU, Springergabel, Custom-Chrome-Tank, von RC Components aus dem Vollen gefräste Aluminiumfelgen, Bremsen und Hebeleien von Performance Machine: Die Screamin' Eagle, ein Einzelstück von Bad Boys Custom Cycles, inszeniert eine Auswahl von Teilen der ersten Adressen.*

◄ *Die Italiener der Vallese-Garage haben die Silhouette einer Harley Davidson Ultra Classic, Baujahr 1999, neu definiert und schufen so einen eleganten „Bagger" im Stil seiner Zeit.*

Als das Harley-Customizing noch in den Kinderschuhen steckt, ist es nicht mehr als das mehr oder weniger kundige Gebastel einiger Harley-Davidson-Fahrer, die ihre Maschinen individueller gestalten oder schneller machen wollen. Das Äußere ist dabei weniger wichtig. Doch dann strukturiert sich die Bewegung, entwickelt neue Stilformen und Codes, Meister kristallisieren sich heraus. Die High-Tech-Szene, die sich in der Hot-Rod-Bewegung einen festen Platz erobert hat, etabliert sich auch schnell in der Motorradwelt und schafft einen echten Geschäftszweig.

■ DIE TECHNO-PARADE

Hightech, das ist längst nicht mehr die Technik allein. Das ist auch die Freude an dem schönen Bauteil, das liebevoll mit der Hand oder, öfter noch, mit maschineller Unterstützung gefertigt wird. Die chirurgische Präzision, die Werkzeuge und Maschinen von heute ermöglichen, hat völlig neue Möglichkeiten eröffnet: Geht nicht gibt's nicht. Wie ein Bildhauer, der eine Statue aus einem Marmorblock formt, indem er das Gestein sorgfältig wegmeißelt, so frisst sich das Bearbeitungswerkzeug nach und nach durch das Metall und verstreut die von der Hitze der Anstrengung

▲ El Mirage von Cyril Huze protzt mit einem 300er-Hinterreifen in einem Martin-Bros.-Starrrahmen, der die 124 PS des V-Twin im Zaum halten soll.

▲ A.M.O.K, der Low Rider von Kodlin, steht auf 21-Zoll-Rädern. Der majestätische Starrrahmen, dessen Originalität in der Integration des Ölvorrates besteht, nimmt einen Twin-Cam-Motor mit 1860 cm³ auf.

30-Zoll-Vorderrad, Aluminium-Karosserie: Outtalimit von Fred Kodlin, Leader der europäischen Szene, veranschaulicht, wohin die Reise der derzeit sehr lebendigen Bagger-Szene hingeht. ▶

blau gefärbten Späne. Schritt für Schritt, oftmals auf verschiedenen Achsen, arbeitet das Werkzeug stur, aber unaufhaltsam vor sich hin und lässt dabei nicht nach. Stunde um Stunde kann vergehen, bis eine ebenso aufwändige wie komplexe Hinterradschwinge fertiggestellt ist. Doch am Ende des Tages wird sie von atemberaubender Schönheit sein und genauso funktionieren, wie sie es soll.

■ GOLD UND ALUMINIUM

Solcherart entstandene Komponenten sind das Schlüsselerlebnis aller Customizer von Rang und Namen auf diesem Planeten, von der Familie Ness über Jesse James bis hin zu Cyril Huze und Odyssey Motorcycle, und das gilt gleichermaßen für Gabelbrücken, Räder, Motorgehäuse, Hebeleien, Griffe sowie für Brems- oder Beleuchtungsanlage. So, wie sie aus ganzen Aluminium-Blöcken von Raumfahrtqualität

geschnitten sind, stehen sie für Solidität, imponieren durch ihre Masse wie durch ihre Ecken und Kanten, die mit einer Präzision geschnitten sind, wie sie nur eine Maschine schafft. Sind sie erst einmal verchromt, werden sie zu Kunstwerken und ziehen alle Blick auf sich. Sie sind Stilelemente für das Ganze, aber auch die Signatur desjenigen, der sie erdacht und geschaffen hat. Oft sind das Berühmtheiten der Szene,

die ganz wie Modeschneider zusätzlich zu den Maßanfertigungen, mit denen sie sich einen Namen gemacht haben, auch Serien für ein breites Publikum auflegen. Der High-Tech-Stil lebt von den Einflüssen und der Phantasie der besten Customizer der Szene sowie vom Wettlauf der raffiniertesten Aluminium-Bearbeitungsmaschinen. Das Ergebnis kann nur begeistern. ■

Unter dem Einsatz hochkomplizierter Maschinen entstehen aus dem vollen Aluminium Kunstwerke, die der Phantasie der Customizer entsprungen und Bausteine der außergewöhnlichsten Motorräder sind.

Mit dem verchromten 30 Zoll-Vorderrad
offenbart Outtalimit Eleganz und Aufsässigkeit.
Die orangefarbene Pearl-Candy-Lackierung
betont noch die Formen.

OUTTALIMIT FRED KODLIN
REISEN ERSTER KLASSE

Während Chopper und Bobber die minimalistische Karte spielen, gehen die Bagger in die genau entgegengesetzte Richtung und weit über das hinaus, was Harley-Davidson in Sachen Bags & More als Grundausstattung anbietet. Dabei hat Harley-Davidson mit seinen Touren-maschinen mit ihren weit ausladenden Run-dungen bereits einen guten Job gemacht. Aber die Bagger spielen ihre Rolle als Kofferträger noch um einiges besser und tragen ihre Fahrer an noch weiter entfernte Reiseziele. Die Karos-serien stehen den schönsten Customs in nichts nach. Die Amerikaner haben das Feuer eröffnet mit ihren Custom-Baggern. In Europa kam die erste Antwort vom deutschen Customizer Fred Kodlin, der 2010 mit seiner „Bagger Republik Deutschland" einen Meilenstein aufstellte. Seither hat Kodlin sich als Meister

seines Fachs etabliert. Seine Motorräder zeichnen sich durch ihr gelungenes Äußeres ebenso aus wie durch ihre imposanten Fahr-leistungen, wie Kodlin gerne unter Beweis stellt, indem er selbst weite Strecken unter die Custom-Räder nimmt und dabei die Werbe-trommel rührt.

■ **Den ersten Eindruck** von Outtalimit bestimmt der weit ausladende Panzer aus Aluminium, den Fred aus zahlreichen Einzel-teilen komponiert. Man achte auf die LED-Leuchten in den Packtaschen, die sich auto-matisch öffnen und schließen. Die Maschine beeindruckt, und die orangefarbene Pearl-Candy-Lackierung, aufgetragen von Marc Sinnwell, lässt den optischen Effekt noch dramatischer ausfallen. Ein Hingucker jagt den anderen: Die beeindruckende 30-Zoll-

Vorderradfelge hat das Zeug, Köpfe zu ver-drehen. Um wirksam bremsen zu können, verwendet Fred eine Performance-Machine-Bremsscheibe, die von einer Sechskolbenzange verzögert wird. Ein solcher Sattel bremst auch das 18-Zoll-Hinterrad, auf das ein immer noch imposanterer 200er Reifen aufgezogen ist. Die Hinterradfederung verfügt über ein pneuma-tisches System, mit dem sich die Wirkung fein dosieren lässt zwischen komfortabler Fahrt und hervorragender Straßenlage. Den Rah-men mit 52 Grad Lenkkopfwinkel hat Kodlin selbst entworfen und gebaut, ebenso wie Aus-puffanlage, Luftilter, Lenker. Ein echtes Custom-bike aus der Hand eines wahren Meisters!

■ **Ein echter Bagger** kommt nicht ohne aufwändige Stereoanlage aus. Diese hier gereicht einer Limousine zu Ehren, und ein großer Bildschirm für das Navigationssystem und die aktuellen Betriebszustände des Motor-rades ist selbstverständlich auch an Bord. Für einen kräftigen Schuss Glamour sorgt eine üppige Chromladung, die bestens zur signal-farbenen Lackierung passt. ■

> Fred Kodlin ist Leader der europäischen Bagger-Szene. Outtalimit ist ein wunderbarer Ausdruck seiner Kunst.

Automatisch öffnende und schließende Koffer und LED-Leuchten in der Aluminium-Karosserie sind elegante Details.

Technik

Motor	Twin-Cam-V-Zweizylinder, Zylinderwinkel 45 Grad, fahrtwindgekühlt
Hubraum	1690 cm³
Gemischaufbereitung	Elektronische Benzineinspritzung
Leistung	ca. 110 PS
Bremsen	je 1 Bremsscheibe mit Sechskolben-Bremszange vorn und hinten
Trockengewicht	ca. 350 kg
Höchstgeschwindigkeit	170 km/h

OUTTALIMIT
FRED KODLIN

*Vom Auspuff bis zur Gabelbrücke, vom Lenker
bis zum Luftfilter hat Fred Kodlin in Handarbeit
zahlreiche Teile selbst gebaut und so einen Bagger
kreiert, der den US-Customs in nichts nachsteht.*

Rolling-Thunder-Rahmen, GCB-Gabel, Räder von Performance Machine und RevTech-Motor schmiegen sich an einen aus Aluminiumblech gedengelten Tank mit verführerischer Silhouette.

BLACKHAWK ODYSSEY MOTORCYCLES
DER FRANZÖSISCHE TOUCH

In einem Kosmos, in dem es vor Customizern nur so brodelt, behaupten sich die Franzosen mit Kreationen von Weltrang. Bertrand Dubet ist einer der berühmtesten Botschafter der französischen Bewegung. Nur einen Steinwurf entfernt von Toulouse arbeitet er unter der Bezeichnung Odyssey Motorcycles häufig für andere – als Künstler von Rang, was ihm den Beinamen Picasso einbrachte –, aber auch auf eigene Rechnung immer dann, wenn er einige Motorräder pro Jahr modifiziert oder auch, wenn er etwa ein halbes Dutzend Mal pro Jahr Custombikes komplett nach eigenen Vorstellungen baut, wie zum Beispiel die Blackhawk. Der Rahmen kommt aus Kanada von Rolling Thunder. Bertrand schätzt die Verarbeitungsqualität und die Variabilität. Für seinen Schöpfer, Spencer Racine, ist Rahmenbau „mehr als nur ein Job – es ist eine Leidenschaft". Für den verwindungssteifen Vorderbau, Garant für gute Stabilität, verwendet Bertrand eine in Italien hergestellte GCB-Gabel. Die Alu-Standrohre messen 54 mm im Durchmesser und führen Tauchrohre von 43 Millimeter aus bestem Chrommolybdän-Stahl. Das Hinterrad wird geführt von einer Einarmschwinge, der Rahmen ist starr. Für den Sekundärantrieb ist ein Zahnriemen mit Ausgangsritzel auf der rechten Seite des RevTech-Motors verantwortlich, während der Primärtrieb mit imposantem Zwei-Zoll-Zahnriemen auf der linken Seite verbleibt.

Der Einsatz der Einarmschwinge

lässt die 18-Zoll-Felge von Rivera erst so richtig zur Geltung kommen, die Performance Machine aus dem vollen Aluminium gefräst hat und auf der ein extrabreiter 300er-Reifen aufgezogen ist. Wirkungsvolles Stilelement ist die Verlegung der Auspuffanlage: Deren Schalldämpfer sind in einem originell gestylten Gehäuse mit Karbonabdeckung so geformt, dass sie zugleich als Hinterradschutzblech dienen. Die Ausführung ist von bestechender Qualität, und das gilt ebenso für die Realisierung des Tanks, dessen Lackierung seine Rundungen ebenso angemessen betont wie den RevTech-Motor, dessen Vergaser mit einem Luftfilter in einem zu Felgendesign und Sekundärtriebabdeckung passenden Luftfilter arbeitet.

Der Sinn

für Ästhetik und die Phantasie von Bertrand Dubet lassen sich auf den ersten Blick an seinen Motorrädern erkennen. Sie sind gleichermaßen High-Tech-Schaufenster und handziselierte Kunstwerke. Das weit herumgezogene Schutzblech, der aufs Minimum abgespeckte Lenker und der Sitz, dessen Komfortqualitäten ein VTT-Stoßdämpfer verbessert, belegen das eindrucksvoll. ∎

> Bertrand Dubet hat vierhundert Stunden investiert, um dieses Custombike von technischer und optischer Finesse zu bauen.

Der RevTech-Zweizylinder, aufgrund seines attraktiven Preises Bertrand Dubets erste Wahl, hat seinen Primärantrieb auf der linken Seite, der Sekundärantrieb wandert wegen der Einarmschwinge auf die rechte Seite.

Technik

Motor	RevTech-V-Zweizylinder, Zylinderwinkel 45 Grad, fahrtwindgekühlt
Hubraum	1675 cm³
Gemischaufbereitung	Mikuni-Vergaser
Leistung	ca. 100 PS
Bremsen	je 1 Bremsscheibe vorn und hinten
Trockengewicht	280 kg
Höchstgeschwindigkeit	180 km/h

BLACKHAWK
ODYSSEY
MOTORCYCLES

Ein veritables Meisterstück mit ebenso originell wie präzise geschneidertem Tank und als Hinterradabdeckung ausgeführtem Endschalldämpfer, der sich eng über eine Gummiwalze im 300er-Format schmiegt.

EL MIRAGE CYRIL HUZE

SILBERNE FATA MORGANA

Mit El Mirage (das ist ein Salzsee in Kalifornien, auf dem Rekordfahrten unternommen werden, Mirage heißt aber auch Fata Morgana) verbindet Cyril Huze Fahrleistungen auf hohem Niveau mit atemberaubender Schönheit. „Anstatt den anderen zu folgen, sollte man eher die Realisierung der eigenen Träume verfolgen", sagt der Customizer. Ihm gefällt der Gedanke, dass Customizing eine Form der Rebellion sei. So kremple man einen Gegenstand der Massenfertigung gleichsam um und mache ihn sich zu eigen. Von sich selbst sagt er, dass die Leidenschaft der Motor seiner Kreativität sei. Diese Einstellung und geistige Frische gestatten ihm, sich bis zur ungehemmten Kühnheit frei auszudrücken, wenn er sich einer neuen Baustelle zuwendet. Bisher hat Huze 150 Motorräder gebaut – „mit Absicht nicht mehr, denn

jedes einzelne hat viel Zeit verschlungen". El Mirage tritt im kraftstrotzenden Drag-Style-Look auf, mit extrabreitem 300er Avon-Hinterradreifen auf einer 18-Zoll-Felge von Xtreme und einem 21-Zoll-Vorderrad mit sehr schlankem 80er Reifen.

Aufbauend auf einem Martin-Bros.-Rahmen, den er großzügig modifiziert und versteift hat, feuert Cyril Huze seinen Silberpfeil ab. Eine Besonderheit des Silberkleides sind die bis ins kleinste Eck verteilten Pinstripes. Die mit dem Pinsel von Hand aufgetragenen Zierstreifen finden sich überall – von den Felgen über diverse Gehäuseabdeckungen bis hin zum Zahnriemengehäuse. Die Springergabel stammt von Jeri's, und abgesehen von ihrer außergewöhnlichen Ästhetik trägt sie dazu bei, dass der Vorderbau

an Steifigkeit gewinnt. Solcherart gerüstet, ist er der wilden Kraft gewachsen, die der TP-Engineering-Twin per rechtsseitigem Getriebeausgang und Sekundärantrieb über Kette ans Hinterrad schickt. Die kurze Auspuffanlage, bei Twisted Chopper gebaut und von Cyril Huze angepasst, kann auf Wunsch in Schwarz geliefert werden, was dem Bike einen gewissen Racing-Look verleiht. Das Vorderrad wird von einer Bremsanlage aus dem Hause Performance Machine verzögert, am Hinterrad übernimmt den Job eine Sprocketbremse von Exile, bei der das Kettenblatt als Bremsscheibe dient.

Von Cyril Huze selbst stammen der Lenker von unglaublicher Klarheit und die Hinterradabdeckung. Huze arbeitet auch eng zusammen mit Gary Schmitgen, der den majestätischen Tank entworfen hat, dessen Tankdeckel allein schon ein Kunstwerk ist. Der Öltank kommt aus dem Killer-Chopper-Katalog, der Scheinwerfer von Cyclone, die Fußhebelei von OMP. Nur das Beste also für diesen Asphalt-Hai, dessen Sitz mit Krokodilleder bezogen ist. ■

Der Dragster-Look von Cyril Huze: 124 PS starker Motor von TP Engineering und 300er Hinterradreifen für imposante Beschleunigung.

Ein Blick auf den Lenker, das gewagt eigenwillige Design von Cyril Huze und die Lackierung von Chris Cruz offenbart das makellose Finish von El Mirage.

Technik

Motor	TP-Engineering-V-Zweizylinder, Zylinderwinkel 45 Grad, fahrtwindgekühlt
Hubraum	2030 cm³
Gemischaufbereitung	S&S-Vergaser
Leistung	124 PS
Bremsen	Performance Machine-Scheibenbremse vorn, Exile-Sprocketbremse hinten
Trockengewicht	300 kg
Höchstgeschwindigkeit	180 km/h

Rahmen von Martin Bros., Tankdesign von Huze-Schmitgen, Springergabel von Jeri's – Cyril Huze nimmt nur das Beste für seinen Street Dragster der Sonderklasse.

Mit der Legend-Air-Hinterradfederung lässt sich die Fahrwerkshöhe nach Belieben einstellen. In der niedrigsten Stellung schabt das Motorrad über den Asphalt!

SCREAMIN' EAGLE BAD BOYS CUSTOM CYCLES
CLOCKWORK ORANGE

Bad Boys Custom Cycles könnte durchaus auch eine der ersten Customizing-Adressen in Los Angeles sein – so sehr atmen ihre Kreationen den Geist der Westküste. Doch die Bösen Jungs haben ihren Firmensitz in der Schweiz, im Kanton Wallis. Dort schaffen sie pro Jahr fünf Custombikes. Viele Teile fertigen sie selbst an, auf dass bloß nichts die Umsetzung ihrer Visionen behindere. Das gilt auch für dieses Meisterwerk in Orange mit Screamin'-Eagle-Block, der durch einen Vergaser aus dem Hause Carl's Speed Shop, top-angesagte Adresse in Daytona, atmet. Die Auspuffanlage hingegen, deren Durchmesser nahelegt, dass der Motor das Lungenvolumen eines ausgewachsenen Drachens hat, kommt direkt aus der Werkstatt von Bad Boys Custom Cycles.

■ **Den Rahmen** im besten Dragster-Stil steuert der deutsche Spezialist HPU bei. Er ist verbunden mit einer Springergabel mit Ness-Gabelbrücken und einem gigantischen Lenker im reinsten Chopper-Stil. Ein LED-Scheinwerfer von Headwings thront vor der Gabel. Das 21-Zoll-Vorderrad trägt das Siegel von RC Components und ist ausgerüstet mit einer Bremsanlage von Performance Machine, die als Maßstab gelten darf. Der US-Hersteller zeichnet ebenso verantwortlich für alle Hebeleien einschließlich der Fußkupplung, wodurch der Lenker so clean wie möglich bleibt. Die Kupplung wird mit einem Handhebel auf der linken Seite betätigt, ausgekuppelt wird mit dem Fuß. Das Sechsganggetriebe stammt von Baker, der Primärantrieb von Performance Machine, und eine Kette ersetzt den Zahnriemen.

■ **Die Heckpartie** steht dem in nichts nach. Ein im Hause kunstvoll gefertigtes Hinterradschutzblech schmiegt sich an den gewaltigen 330er-Avon-Hinterradreifen, der auf eine 17-Zoll-Felge von RC Components aufgezogen ist. Performance Machine steuert Bremsscheibe und -zange bei. Damit das Bike so nah wie möglich über dem Asphalt cruisen kann, lässt sich mit der Legend-Air-Hinterradfederung die Fahrwerkshöhe einstellen. Der Mechanismus findet seinen Platz unterm Öltank, den die Bad Boys so bearbeitet haben, dass sich der Ölstand via Schauglas kontrollieren lässt. Der Benzintank ist von Custom Chrome. Die minimalistische Instrumentierung kommt aus dem Hause Dakota, während Rizoma die Riser beisteuert. Die kunstvolle Lackierung hat Carrosserie 88 in Sion aufgetragen, die Pinstripes sind das Werk von Blaster. ■

Custom 100 Prozent schweizerisch, aber im Geist der Westcoast-Chopper gebaut.

Der Screamin'-Eagle-Motor bekommt einen großen Vergaser von Carl's Speed Shop und eine von Bad Boys Custom Cycles gefertigte Auspuffanlage.

Technik

Motor Screamin'-Eagle V-Zweizylinder, Zylinderwinkel 45 Grad, fahrtwindgekühlt
Hubraum 1687 cm^3
Gemischaufbereitung Typhoon-Vergaser von Carl's Speed Shop
Leistung ca. 100 PS
Bremsen Performance Machine-Bremsscheiben, 2 vorn, 1 hinten
Trockengewicht ca. 350 kg
Höchstgeschwindigkeit 80 km/h

A.M.O.K FRED KODLIN

BEHERRSCHUNG DES STILS

Fred Kodlin ist einer der aktivsten Customizer der europäischen Szene. In regelmäßigen Abständen stellt er neue Schaustücke vor, die die Szene Kopf stehen lassen. Zur Feier von 20 Jahren Beschäftigung mit dem 45-Grad-Zweizylinder hat Fred A.M.O.K geschaffen, einen Low Rider, der sich dank seiner Eleganz ebenso abhebt wie dank seines rassigen Äußeren und der äußersten Sorgfalt, die Fred bei Entwurf und Umsetzung hat walten lassen. Der Motor steckt nicht in einem Softail-, sondern in einem ganz eigenständig gezeichneten echten Starrrahmen, bei dem allein die Feder des Sitzes einen Hauch von Komfort bietet, mit Upside-Down-Gabel an der Front. Dieses Meisterwerk von einem Rahmen erlaubt eine sehr dynamische Sitzposition und birgt den Öltank so diskret wie möglich. Bewundernswert sind Reinheit und Schlichtheit der Linienführung, Signatur eines wahren Künstlers, der sein Metier beherrscht und sich nicht durch Effekthascherei vom Kurs abbringen lässt. Dieser Low Racer lebt von der Zurückhaltung, aber zugleich drückt er Kraft und Emotion aus – und genau darin liegt das Geheimnis seines

Erfolges. Ein Genuss für das Kennerauge sind die Nuancen der Lackierung, die auch den Motor mit einschließt, der die herrlich runden Formen der A.M.O.K betont.

■ **Die Felgen** im Dreispeichen-Design, von Kodlin selbst entworfen, sind vom Kaliber 21 Zoll und Metzeler-besohlt – 260/35-21 hinten und 120/70-21 vorn. Die Bremsanlage mit Vierkolbenzangen stammt ebenso von Performance Machine wie die Handhebeleien. Der Scheinwerfer von sehr eigenwilligem Design entstammt dem namhaften Ness-Katalog, die minimalistischen Rückspiegel sind Produkte des Hauses Kellermann.

■ **Der Twin-Cam-Motor** hat einen Hubraum von 1860 cm³ und liefert 94 PS. Dabei hilft ihm eine Zwei-in-Eins-Auspuffanlage aus rostfreiem Edelstahl, deren edle Schlichtheit verrät, dass der Meister selbst Hand angelegt hat. Der Luftfilter kommt aus der Werkstatt von Roland Sands. Der Zweizylinder ist gekoppelt mit einem Sechsganggetriebe von Baker, dessen Primärantriebsgehäuse von Performance Machine stammt und aus dem vollen Aluminium gefräst ist. Zudem fällt auf, dass der Sekundärantrieb über Kette erfolgt. Mit A.M.O.K ist es Fred Kodlin erneut gelungen, anspruchsvolle Ästhetik mit Alltagsqualitäten zu verbinden. ■

Der Low-Rider-Stil, wie ihn Fred Kodlin mit A.M.O.K pflegt, ist zugleich kühn, elegant und raffiniert.

Mit dem Tank, der sich ums Zentralrohr des Rahmens schmiegt, zeigt A.M.O.K, wie sich Innovation und Harmonie in einer anspruchsvollen Silhouette miteinander verbinden lassen.

Technik

Motor	Twin-Cam-V-Zweizylinder, Zylinderwinkel 45 Grad, fahrtwindgekühlt
Hubraum	1860 cm³
Gemischaufbereitung	Benzineinspritzung
Leistung	94 PS
Bremsen	je 1 Performance Machine-Bremsscheibe vorne und hinten
Trockengewicht	ca. 280 kg
Höchstgeschwindigkeit	180 km/h

A.M.O.K FRED KODLIN

Fred Kodlin hat diesen originellen Starrrahmen mit integriertem Öltank entworfen, der A.M.O.K ihr rassiges Aussehen verleiht und ihren Auftritt zugleich kraftvoll und ästhetisch macht.

S&S 1650 BLACK WAY
SCHWEIZER QUALITÄT

Black Way in der Schweiz baut Custombikes, die Genfer glücklich machen. James Risse steht an der Spitze der Firma, und unterstützt wird er von Laurent Dutruel, einem Techniker, wie man ihn selten findet. Er gestaltet die einzigartigen Bauteile der Bikes, die er am liebsten ohne Ecken, Kanten und Zierrat mag. Ausnahmsweise hat James Risse sich persönlich daran begeben, ein Motorrad zu bauen – nämlich eines für seinen persönlichen Gebrauch. Dabei geht er von einem Hardcore-Le-Mans-Rahmen von Marcus Walz aus. Das meisterhaft gebaute Stück bietet eine außerordentlich niedrige Sitzposition, und zusätzlich lässt sich das ganze Motorrad tieferlegen, um den Auftritt in Dragster-Manier zu verstärken. Möglich macht dies das Legend Air System, made in USA, das mit Druckluft unter Zuhilfenahme

der beiden hinteren Stoßdämpfer arbeitet. Thunderbike liefert nicht nur die Gabel, sondern auch die Einarmschwinge, an der sich eine aus dem vollen Aluminium gefräste 18-Zoll-Felge von Vegas Cut dreht. Die nimmt nicht nur einen gewaltigen 280er-Metzler-Reifen auf, sondern trägt auch eine Perimeterbremse. Dagegen ist die Bremse am Vorderrad mit zwei 320 mm-Scheiben und Vierkolben-zangen in Monoblock-Sätteln konventionell – aber nicht minder effektiv.

■ **In Sachen Motor** geht Risse in die Vollen mit einem 1690 cm³ großen S&S-Block mit 45-mm-Mikuni-HSR-Vergaser, Altman-Zündung und Gehäusedeckeln von Roland Sands Design. Benzin- und Öltank tragen das Siegel von Marcus Walz, doch die herrliche und originelle Auspuffanlage baut Laurent

Dutruel selbst. Die beiden Krümmer münden auf der linken Fahrzeugseite direkt oberhalb des offen laufenden Primärtriebs-Zahn-riemens in ein kunstvoll geformtes Endstück aus Aluminium. Dessen nostalgisches Thema findet sich wieder auf zahlreichen konturierten Blenden und Abdeckungen, die über das ganze Motorrad, das übrigens den Namen Cobalt trägt, verteilt sind und an vergleichbare Dekorelemente von Autos aus den 50er Jahren erinnern. Jedes einzelne ist eine einmalige Eigenkreation von Laurent Dutruel, der auch das hintere Schutzblech und die Batterieabdeckung gestaltet.

■ **Das Beiwerk** ist nicht weniger schmückend: Scheinwerfer von der V-Rod, leder-bezogener abgesteppter Sitz, Blattgold-Applikationen, kobaltblaue Lackierung (in der sich schemenhaft Totenschädel ausmachen lassen) von Stéphanie Dutruels Atelier Allegoria: James Risse jongliert mit den Genres. Und nicht nur das: Er zeichnet auch verant-wortlich für die beachtliche Fertigungsqualität: 700 Arbeitsstunden stecken in diesem Bike, das etwa 130.000 Euro kosten würde. ■

Der Le-Mans-Rahmen von Walz Hardcore dient als Basis für ein meisterlich ausgeführtes Projekt, das überaus selbstbewusst auftritt.

Der S&S-Motor mit 1690 cm³ Hubraum eignet sich hervor-ragend für das Projekt. Er leistet 100 PS und sorgt für teuflische Beschleunigung.

Technik

Motor	S&S-V-Zweizylinder, Zylinderwinkel 45 Grad, fahrtwindgekühlt
Hubraum	1690 cm³
Gemischaufbereitung	Mikuni-Vergaser
Leistung	100 PS
Bremsen	2 Bremsscheiben vorne, 320 mm Durchmesser, Perimeter-Bremse hinten
Trockengewicht	360 kg
Höchstgeschwindigkeit	180 km/h

Dank des von HPU gebauten Dragster-Rahmens und der Goldammer-Gabel spannt Radical Racer ordentlich die Muskeln. Die schwarze Lackierung lässt das Motorrad böse aussehen.

TWIN CAM BAD BOYS CUSTOM CYCLES
VERLANGEN IN SCHWARZ

Die Schweizer von Bad Boys Custom Cycles haben Qualität und Präzision zum Glaubensbekenntnis ihrer Arbeit gemacht, und ihre Schöpfungen sichern ihnen maximale Werbewirksamkeit. Das ist unabhängig davon, zu welcher Schule die jeweilige Kreation zu rechnen ist: Bobber, Chopper oder wie hier Street Drag mit hochgiftiger Technik, mit deren Hilfe sich mit einer einfachen Handumdrehung eine Furche in den Asphalt fräsen lässt. Schon bevor man den fetten Twin Cam B von Screamin' Eagle durch seinen großen 45-mm-Mikuni die Luft ansaugen und durch die beeindruckende Martin-Bros.-Auspuffanlage ausatmen hört, wirkt das ganze Motorrad einschüchternd und verdient sich so seinen Namen „Radical Racer". Und radikal ist es in der Tat. Dank des spektakulären Rahmens scheint der Racer über den Asphalt zu schleifen. Er stammt wie

die nicht minder aufsehenerregende Schwinge von der deutschen Firma HPU, die seit ihrer Gründung 1998 bereits 3000 Rahmen gebaut und verkauft hat – allesamt mit TÜV-Siegel. Eine Hinterradfederung von Legend Air und eine Gabel vom Typ G-Force, in Kanada von Goldammer gebaut, tragen zu dem wahrhaft bestialischen Auftritt bei.

■ **Die schwarze Lackierung** unterstreicht effektiv den Eindruck entfesselter Kraft: Rahmen, Gabel, Gabelbrücken, Scheinwerfer, Primärantriebsgehäuse, Räder und Bedienelemente – alles ist schwarz und von einem Finish, das die Reinheit der Formen besonders gut zur Geltung kommen lässt. Das vordere Schutzblech, das mit dem Reifen zu verschmelzen scheint, trägt die Signatur von Jesse James (Nachfahre des Outlaws, Gründer von West Coast Choppers), das hintere von

den Bad Boys. Es trägt ein schmales LED-Rücklichtband und umhüllt einen Hinterradreifen von dramatischen 300 mm Breite, der wie der vordere auf einer 18-Zoll-Felge montiert ist. Die aus dem vollen Aluminium geschnittenen Felgen kommen von RC Components, ebenso die Bremsanlage. Das Baker-Sechsganggetriebe wird unterstützt von Kupplung und TF-2000-Zahnriemen-Primärantrieb von Belt Drives Ltd.

■ **Unter den zahlreichen Anbauteilen** finden sich ein Tank von Custom Chrome, ein HPU-Öltank (der passend zum Chassis gleich mitgeliefert wird), ein Fehling-Lenker, Rizoma-Riser, Handgriffe und Rückspiegel von OMP, Fußrasten von Infinity, ein Dakota-Digital-Drehzahlmesser, ein K&N-Luftfilter und ein Ledersattel aus dem Atelier von Luc Antille. Für die Lackierung verantwortlich ist Carosserie 88, das konsequente Schwarz bis in den kleinsten Winkel wird wirkungsvoll kontrastiert von roten Flames. ■

Die Schweizermacher von Bad Boys Custom Cycles geben sich diskret, aber sie lassen Pulver sprechen.

Der Twin Cam B der Screamin' Eagle hat einen 45 mm großen Mikuni Vergaser, einen K&N-Filter, eine Dyna-2000-TRC-Zündung und beeindruckende Schalldämpfer von Martin Bros.

Technik

Motor	V-Zweizylinder, Zylinderwinkel 45 Grad, fahrtwindgekühlt
Hubraum	1687 cm³
Gemischaufbereitung	Mikuni HSR-45-Vergaser
Leistung	ca. 80 PS
Bremsen	je 1 RC-Components-Bremsscheibe vorn und hinten
Trockengewicht	ca. 350 kg
Höchstgeschwindigkeit	180 km/h

REVTECH 100 CHAMPION CUSTOM CYCLES
EINFACH VERFÜHRERISCH

Gipfeltreffen zwischen einem Ferrari 360 Modena und einem Custombike auf RevTech-Basis: Beide haben denselben Besitzer, und der wünschte beim Umsteigen vom Auto aufs Motorrad oder umgekehrt, dieselben Lack- und Polsterfarben (750 Grigio Alloy und schweinsledern) vorzufinden. Den Modena fand der Eigner ausreichend gelungen im Serienzustand, beim Motorrad aber wurde noch ein bisschen Arbeit fällig, und Georges Besson, Boss der schweizerischen Firma Champion Custom Cycles, kümmert sich persönlich darum. Er geht von einem „Hurricane" getauften Rahmen der deutschen Firma HPU, europaweit Marktführer des Segments, aus – der ist solide und bewährt und darf dank TÜV-Siegels auch auf den Straßen der Schweiz rollen. Er nimmt an der Vorderhand eine Gabel von SJP (Sjouke

Jorna Products) aus den Niederlanden auf. Der Drag-Bar-Lenker trägt die Handschrift von Custom Chrome und wird kombiniert mit Hebeleien von AMS Moto Machine aus Texas. Schalt- und Bremspedal stammen von der italienischen Firma OMP und sind um 5 cm vorverlegt.

■ **In den USA** bei Performance Machine findet Champion Custom Cycles die passenden Felgen (3,50 x 18 vorne und 8,50 x 18 hinten) sowie die dazugehörigen schwimmend gelagerten Bremsscheiben mit Vierkolben-Bremszangen. Auch der Tank stammt von einem angesehenen Spezialisten: Battistinis liefert ihn, während Arlen Ness, lebender Gott des Customizing, den Scheinwerfer beisteuert. Custom Chrome kümmert sich um das vordere Schutzblech, während das hintere Pen-

dant, auf dem der lederne Sitz seinen Platz findet, bereits zusammen mit dem Rahmen von HPU angeliefert wird. Die Reifen kommen von Metzeler, vorne in 130er-Größe, hinten als 240er.

■ **Um ähnlich schnell** zu sein wie der Ferrari, fällt die Motorwahl für Spirit of Modena, so der Name dieser Diva, auf einen RevTech-Zweizylinder, der zum Zeitpunkt der Fertigstellung einer der wenigen straßenzulassungsfähigen in der Schweiz ist und überdies in der verchromten Ausführung glänzt. Er arbeitet zusammen mit einem 42 mm großen Mikuni-HSR-Vergaser, einer Custom-Chrome-Zündung, Primärantrieb und Öltank vom selben Hersteller und einem RevTech-Sechsganggetriebe. Die Auspuffanlage ist das Werk von Paul Yaffe, einer Kapazität. 200 Arbeitsstunden stecken in diesem Custombike für höchste Ansprüche, das ganz wie der Ferrari 360 Modena Zeugnis ablegt von der Liebe zu schöner Technik – ganz diskret … ■

Damit das Umsteigen nicht so schwerfällt, tragen Ferrari Modena und Spirit of Modena Lack und Leder in derselben Farbe.

Nicht weniger als 200 Arbeitsstunden stecken in diesem Custombike, das aufgebaut ist auf einem HPU-Rahmen mit Gabel von Sjouke Jorna Products.

Technik

Motor RevTech-V-Zweizylinder, Zylinderwinkel 45 Grad, fahrtwindgekühlt	
Hubraum 1666 cm³	
Gemischaufbereitung Mikuni HSR-42-Vergaser	
Leistung ca. 110 PS	
Bremsen 3 Performance-Machine-Bremsscheiben mit SJP-Vierkolbenzangen, 2 vorne, 1 hinten	
Trockengewicht ca. 350 kg	
Höchstgeschwindigkeit 180 km/h	

Der RevTech-Motor atmet durch einen Mikuni-Vergaser und leistet 110 PS – mithin rund 190 weniger als der V8 des Ferrari Modena.

REVTECH 100 CHAMPION CUSTOM CYCLES

Tank von Battistinis, Auspuffanlage von Paul Yaffe, Räder und Bremsen von Performance Machine – die Aristokratie des Customizing gibt sich die Ehre.

ULTRA CLASSIC VALLESE GARAGE

PACK DIE KOFFER, SCHATZ!

Der Bagger-Stil ist das genaue Gegenteil des Bobber-Genres und als solcher derzeit schwer im Kommen. Unter einem Bagger versteht man einen Cruiser, also ein großvolumiges Motorrad aus der Harley-Davidson-Modellpalette, das man mit Packtaschen ausstattet (von perfektem Styling, nicht wie die Kunstlederkoffer am großväterlichen Moped …), damit sich weite Entfernungen mit größtmöglichem Komfort und auch etwas Stauraum fürs kleine Gepäck zurücklegen lassen. Anders als der Bobber eignet er sich für vielerlei Einsatzzweck. Die Customizer haben ihn als Objekt der Begierde (und Schaffenswut) entdeckt und können sich gar nicht sattschmücken mit Glitzertand ohne Ende, chromspiegelnden Flächen bis zum Abwinken, irren Lackierungen und Felgen mit stetig wachsendem Durchmesser. In der Vallese Garage im italienischen Borgo Montenero steht man allerdings noch mit beiden Beinen auf dem Boden und baut Bagger für den täglichen Gebrauch.

■ **Als Basis dient** eine Ultra Classic, Jahrgang 1999, bereits im Serientrimm ein admiraleskes Schlachtschiff mit einem Drehmoment von 11 mkg bei 3500 Touren. Als sei das noch nicht genug, päppelt man in der Vallese Garage den Twin Cam noch weiter auf: Größere Wiseco-Kolben stocken den Hubraum von 1450 auf 1550 cm³ auf, Pleuel und Nockenwellen sind ebenso optimiert wie das Mapping der Einspritzanlage und die Kupplung, die mit einem Barnett-Kit aufgerüstet wird. Damit sie weniger klobig und mehr wie ein Bagger aussieht, bekommt die Ultra Classic eine neue Gabel und einen auf 52 Grad geänderten Lenkkopfwinkel – der Vorderbau ist so deutlich gestreckter. Ein Schutzblech umschließt das 18-Zoll-Hinterrad von Arlen Ness bis zur Hälfte seines Durchmessers. Das dient der Aerodynamik ebenso wie die Lenkerverkleidung, die Vallese Garage ausnehmend gut gelungen ist. Dass dies auch für die übrigen Verkleidungs- und Karosserieteile gilt, ist der Zusammenarbeit mit einem der führenden Bagger-Experten zu verdanken: John Shope von Dirty Bird Concept in Phoenix, der auch den Tank beisteuert. Auch wenn sie beladen ist wie ein Packesel, zeigt die Ultra Classic harmonische und fließende Linien – verglichen mit dem Serientrimm sogar eine gewisse Leichtigkeit – auch wenn sie 390 kg auf die Waage bringt.

■ **Für diese Schöpfung** hat Vallese sich um alles gekümmert, bis hin zum kleinsten Detail. Und weil sich das für einen Cruiser so gehört, komplettiert ein 400-Watt-Soundsystem mit 3-Wege-Boxen die Ausstattung eines Motorades, das einem Cabriolet nicht nur in nichts nachsteht, sondern noch mehr zu bieten hat: das Gefühl von Freiheit. ∎

> Bagger ist eine sehr angesagte Stilrichtung – hier treten Cruiser mit Seele und Koffern kühn gegen die Custombikes an.

Mit muskelbepacktem Motor (1550-Kubik-Wiseco-Kit), Arlen-Ness-Vorderrad mit 26 Zoll Durchmesser, 400-Watt-Soundsystem und ebenso gefälliger wie praktischer Karosserie zeigt sich der Bagger im vollen Ornat.

Technik

Motor	V-Zweizylinder, Zylinderwinkel 45 Grad, fahrtwindgekühlt
Hubraum	1550 cm³
Gemischaufbereitung	Marelli-Benzineinspritzung
Leistung	92 PS
Bremsen	je 1 DNA-Bremsscheibe mit Ness-Bremssattel vorne und hinten
Trockengewicht	390 kg
Höchstgeschwindigkeit	180 km/h

PROTO SLUG DUB PERFORMANCE

MUSKELPAKET ZU VERKAUFEN

Fred Duban ist der Chef von Dub Performance mit Sitz in Millery, zehn Kilometer von Nancy entfernt. Er liebt Maschinen mit Charakter, und in seiner Werkstatt entstehen Custombikes, die zu den schönsten ihrer Art zählen. Doch ebenso wichtig ist es ihm, dass seine Motorräder alltagstauglich sind und dass ihre Besitzer zwischen zwei Kurven auch mal den Hahn spannen können. Damit ein Motorrad all das leisten kann, sagt Fred, muss es für seinen Besitzer maßgeschneidert werden. Damit sind seine Motorräder das genaue Gegenteil von einem Serienmotorrad – mit denen kann Fred aber auch gar nichts anfangen. Nachdem er sich einmal für den Zweizylinder entschieden hatte, war ihm klar, dass es angesichts der

Größe schwer bis unmöglich sein würde, den V-Twin in einem Sportfahrwerk unterzubringen. Erst nach einem verlorenen Jahr und einer Investition von 250.000 Euro fand Fred Duban die ideale Verbindung zwischen Form und Funktion und ein für ein Motorrad der heutigen Zeit angemessenes Erscheinungsbild.

Am Anfang steht ein weißes Blatt Papier, und nach und nach zeichnet Fred alles selbst. Die Räder tragen dieselbe Handschrift wie die Schwinge, die ebenso wie der 300er Hinterradreifen von respekteinflößenden Dimensionen ist. Duban entwirft auch die Armaturentafel aus Kohlefaser, die Brücken für die Öhlins-Gabel, Benzin- und Öltank (letzterer platziert in der Höckerbank) aus

Aluminium, den Luftfilterkasten für den Mikuni-Vergaser und nicht zu vergessen die sehr aufwändige Auspuffanlage aus Edelstahl, bei deren Bau Micron allerdings ein wenig mithilft. Fred arbeitet ebenfalls am Rahmen – was nicht zu unterschätzen ist, denn immerhin geht es darum, 180 PS auf den Boden zu bringen. Beachtenswert ist, dass die Softail-Hinterradaufhängung mit pneumatischen Dämpfern arbeitet.

Was Fred nicht selbst bauen kann, gibt er bei einem Zulieferer in Arbeit. Das gilt auch für den Motor, den er dem Kanadier Gerry Merchant anvertraut, der seit 1990 Hochleistungsmotoren macht. Der Primärantrieb kommt von Baker, die Bremsanlage von Beringer, Lenker und zurückverlegte Fußrasten von Rizoma. Für die ebenso edle wie sportliche Lackierung zeichnet Norbert Millotte verantwortlich. ∎

Ein Streetbike mit 180 PS und einem Drehmoment von 25 mkg – Das ist die kühne Ansage von Fred Duban.

Die Auspuffrohre, hergestellt mit freundlicher Hilfe von Micron, machen ordentlich was her. Um sie abzustimmen, waren 40 Prüfstandläufe vonnöten.

Technik

Motor	Merch-V2, Zylinderwinkel 45 Grad, fahrtwindgekühlt
Hubraum	2200 cm³
Gemischaufbereitung	Mikuni HSR-45-Vergaser
Leistung	180 PS
Bremsen	Bremsscheiben mit Beringer-Sätteln, 2 vorn, 1 hinten
Trockengewicht	ca. 280 kg
Höchstgeschwindigkeit	250 km/h

Danksagungen

Claude de La Chapelle und Bruno des Gayets danken Alain Sauquet, Paolo Grana, Eric Corlay
und Doug Mitchel für die Qualität ihrer Fotos sowie Charlie Lecah, Xavier Crepet (Harley-Davidson France),
Pascal Szymezak für ihre unermessliche Sachkenntnis
Special thanks to Steven Willis, Erik Salin, Winston Yeh, Chicara Nagata, Cole Foster,
Fred Kodlin & Jelena Billo, Fred Duban, Marcus Walz & Marc Skribiak, Bertrand Dubet.
Ein besonderer Dank geht außerdem an Cyril Huze
und an Aldo Querio Gianetto für ihre Begeisterung und ihre Unterstützung.